어서 와! 중학수학은 처음이지?

◇ 당신은 언제나 옳습니다. 그대의 삶을 응원합니다. - 라의눈출판그룹

어서 와! 중학수학은 처음이지?

초판 1쇄 | 2022년 1월 3일

지은이 | 박영훈
펴낸이 | 설응도   편집주간 | 안은주
영업책임 | 민경업   디자인 | 박성진   삽화 | 조규상
검토 | 최연규(부산 혜화초등학교 교사), 이은(광주 금호초등학교 교사)

펴낸곳 | 라의눈

출판등록 | 2014년 1월 13일(제2019-000228호)
주소 | 서울시 강남구 테헤란로78길 14-12(대치동) 동영빌딩 4층
전화 | 02-466-1283   팩스 | 02-466-1301

문의(e-mail)   편집 | editor@eyeofra.co.kr
              영업마케팅 | marketing@eyeofra.co.kr
              경영지원 | management@eyeofra.co.kr

ISBN 979-11-92151-03-8 64410
ISBN 979-11-92151-02-1 64410(세트)

초등수학에서 중학수학으로 개념을 연결하고 확장하는

어서 와!
중학수학은
처음이지?

어서 와!
⁼ 중학교 수학은 처음이지? ⁼

뭔지 모르겠지만, 왠지 중학교 수학은 더 복잡하고 어려울 거 같지?

정체를 모르니까 불안해지고 겁을 먹게 되는 건 아닐까?

그런데 중학교 수학의 뿌리는 초등학교 수학에 있단다. 그래서 중학교 수학을 배우려면 먼저 초등학교 수학을 '제대로' 이해해야만 하지. 그렇지 않고 중학교 수학 문제 풀이만 하는 것은 모래 위에 성을 쌓는 것 같아.

더 잘하고 싶은 마음에 중학수학을 선행하고 있었니?

아니면 초등학교 때 수학시험에서 100점을 받았으니까 걱정없다고 생각해?

중학교에서 수학을 더 잘하고 싶다면, 중학수학 선행보다 초등수학을 총정리하면서 '제대로' 이해하는 시간을 가지길 권해.

그렇다면 초등학교 수학을 어떻게 해야 제대로 이해할 수 있을까?

초등학교 수학 문제집을 다시 풀어야 할까?

이 책을 그냥 읽으면 된단다. 이 책은 문제만 가득한 다른 책과는 달라. 그동안 들어본 적 없는 이야기가 가득할 거야. 어쩌면 너무 재밌을지도 몰라. 그냥 무작정 따라 읽다 보면 예전에 그 문제를 왜 풀지 못했는지, 그때 배웠던 공식이 어떤 의미인지 저절로 이해하게 되며, 초등학교 수학을 높은 곳에서 바라볼 수 있는 새로운 눈을 가지게 된단다.

이 책을 다 읽을 때쯤이면, 어느새 내 손 안에 중학교 수학의 문을 열 수 있는 열쇠가 들어있게 돼. 이 열쇠를 돌리기만 하면 중학교 수학의 세계로 들어갈 수 있으니, 불안해하거나 겁먹을 필요가 전혀 없어!

수학을 싫어해서 공부를 하지 않았더라도 괜찮아. 아주 기본부터 시작하거든. 수학 우등생도 환영이야. 아마 들어본 적 없는 흥미로운 이야기에 더 수학을 좋아하게 될 거야.

자 그럼 모두 준비되었지? 시작해볼까?

– 박영훈 선생님

초등수학과 중학수학의 그 사이에 있는
세상에 없던 수학책!

초등 때는 수학을 잘했는데, 중학교 때 왜 수포자가 될까요?

만약 단순히 문제를 푸는 방법만 배웠다면, 그래서 문제를 푸는 순서를 외우고 또 유형별로 빨리 푸는 연습만 했다면, 100점을 받았어도 '안다'고 할 수 없습니다.

초등학교에서 '자연수'를 배웠던 아이들은 중학수학에서 '정수'를 배웁니다. '정수'는 음수로까지 수의 범위만 확장되었을 뿐, 사실은 '자연수'의 수학적 규칙들이 그대로 적용됩니다. 그럼에도 아이들은 어려워합니다. 자연수의 규칙, 즉 초등수학에서 배운 수학의 원리를 완전히 체득하지 못했기 때문입니다.

중학수학은 새로운 것이 아니라 초등수학 개념의 확장이며, 중학수학의 뿌리는 초등수학입니다. 이 책은 초등수학과 중학수학의 그 '사이'에 있는 최초의 책입니다. 초등과 중학의 중간쯤 서서, 뿌리를 단단하게 만든 다음 뻗어나가 중학수학을 만납니다.

이 책만의 특징
01

위대한 초등수학의 재발견

초등수학쯤이야,라고 생각하지만 초등수학의 개념과 원리들은 고등수학까지 이어집니다. 수학자들의 위대한 발견이 바로 초등수학에 담겨 있는 것입니다. 따라서 중학교에서 수학을 잘하려면, 초등수학의 핵심개념을 제대로 이해하고 있어야 합니다.

이 책은 아이들이 '이미 알고 있는 쉬운 것'에서 출발합니다. 그러나 단순한 복습이 아닙니다. 아이들은 이미 알고 있는 초등수학의 개념을 '재발견'하게 됩니다. 풀 줄은 알았지만, 왜 그렇게 푸는지 미처 몰랐던 원리도 알 수 있습니다. 잘못 이해하고 있는 것도 바로 잡을 수 있습니다. 이 과정에서 아이들은 초등수학을 총정리하면서 동시에 중학수학을 맞이할 준비를 튼튼히 하게 됩니다.

초등수학을 중학수학으로 개념연결!

'이미 알고 있는 쉬운 것'에서 출발한 아이들은, 각 단원의 중간쯤 새로운 용어를 만납니다. 바로 중학수학을 만나는 것입니다. 그러나 낯설지 않습니다. 앞에서 다시 살펴본 초등수학 개념들 가운데 중학수학에 필요한 것을 이미 중학수학의 관점에서 익혔으니까요. 범위를 확장하기만 하면 됩니다. 아이들은 아무 거부감 없이 중학수학을 쉽게 받아들일 수 있습니다. 중학수학을 공부하기 전에 이 책을 꼭 읽어야 하는 이유입니다!

초등수학에서 시작했는데 중학수학으로 끝나는 놀라운 책!

'자연수의 덧셈과 뺄셈'으로 시작했는데, '정수의 덧셈과 뺄셈'으로 끝납니다. '자연수의 곱셈'으로 시작했는데, 중학수학의 '곱셈공식'으로 끝납니다. '자연수의 나눗셈'은 '소수'로 이어지고, '분수'는 '유리수'로, '분수의 사칙연산'은 '방정식'으로 이어집니다. 초등수학으로 시작해서 중학수학으로 주제별로 자연스럽게 이어지는, 지금껏 시도조차 된 적 없는 놀라운 책입니다.

교사를 위한 책 속의 Tip: 선생님만 보세요!

어떻게 아이들을 가르쳐야 할지, 어떤 점에 유의해야 할지, 아이들을 가르치는 사람을 위한 가이드가 들어 있습니다. 이제 막 본격적 수학의 세계에 첫발을 내디디는 아이들에게 모든 수학적 개념이나 원리를 일일이 설명할 수는 없습니다. 그래서 학부모 혹은 교사들이 더 큰 시각에서 아이들을 인도할 수 있도록 선생님을 위한 팁을 담았습니다. 아이들 몰래 이 책에 숨겨둔 저자의 의도를 알 수 있을 겁니다. 가르치기 전에 교사가 먼저 '선생님만 보세요'를 읽은 후 아이들을 지도하기를 권합니다.

기초가 없어도 Ok, 수학을 잘해도 Ok!

만약 수학을 좋아하고 잘하는 아이라면 아주 흥미롭게 읽을 수 있을 것입니다. 지금까지 들어본 적 없는 수학 이야기와, 수학문제를 풀 줄은 알지만 왜 그런지 몰랐던 궁금증이 술술 풀릴 테니까요.

만약 초등학교 때 수학을 포기한 아이라면 특히 이 책을 권합니다. 아주 쉬운 초등수학부터 시작할 뿐 아니라, 초등수학과 중학수학을 아우르는 수학의 기본을 교과서보다 쉽고 명쾌하게 설명해 두었습니다. 이 책으로 처음부터 다시 시작할 수 있습니다. 어쩌면 어려웠던 수학이 쉽게 느껴질지도 모릅니다.

문제풀이 책이 아니라 읽는 책!

짧은 핵심내용 정리와 문제풀이를 반복하는 일반적인 수학책 형식을 따르지 않았습니다. 단순한 문제풀이보다 수학적 맥락을 이해하는 것이 더 중요하므로, 하나의 단원이 논리적으로 이어지도록 구성하였습니다. 따라서 아이들은 연필을 내려놓고 그냥 읽어나가면 됩니다. 아이들이 맥락을 완전히 이해하도록 두 번, 세 번 읽기를 권합니다.

선생님을 가르치는 선생님, 박영훈!

이 책을 집필한 박영훈 선생님은 2만 명의 초등교사를 가르친 '선생님의 선생님'입니다. 180만 부라는 경이로운 판매를 기록한 베스트셀러 『기적의 유아수학』의 저자이기도 합니다. 이 책은, 수포자가 생기는 원인이 아이들의 탓이 아니라 잘못된 교육 때문이라는 신념을 바탕으로 심혈을 기울여 집필한 예비중학생을 위한 선물과도 같은 책입니다.

선생님과 함께하는 수학여행 Map

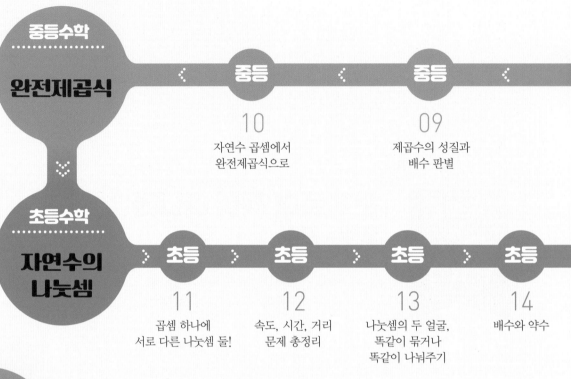

어때요?
재미있죠?

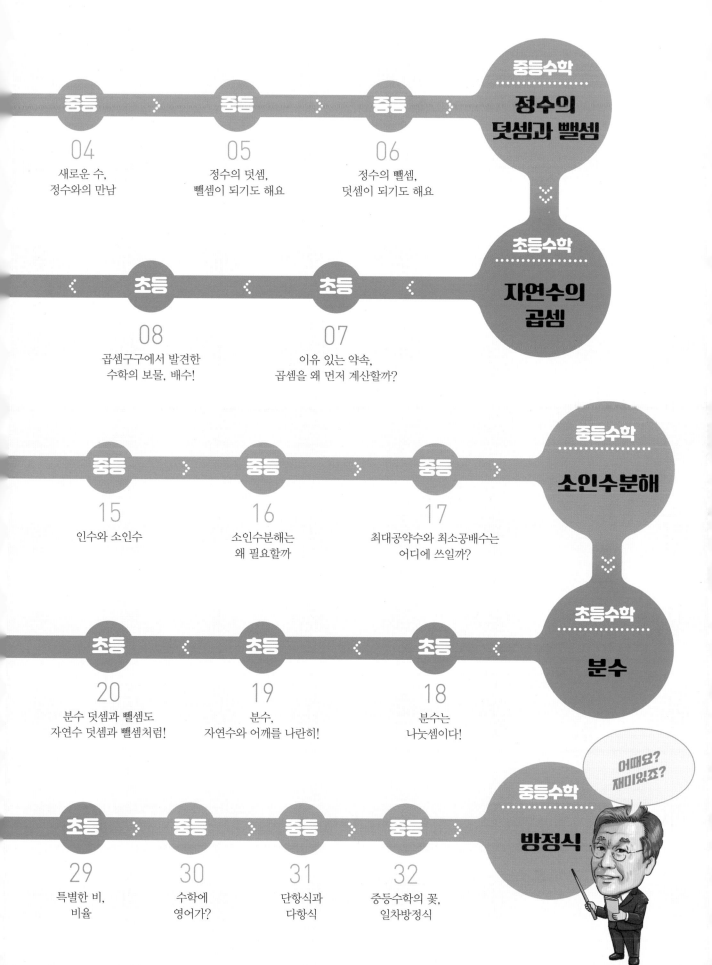

차 례

Chapter 01

중학수학으로 이어지는
자연수의 덧셈과 뺄셈 개념

초등수학 | 자연수의 덧셈과 뺄셈 ⟫ **중등수학** | 정수의 덧셈과 뺄셈

겁먹지 말고
선생님만
따라오세요!

Chapter 02

중학수학으로 이어지는
자연수의 곱셈 개념

초등수학 | 자연수의 곱셈　≫　**중등수학** | 완전제곱식

Chapter 03

중학수학으로 이어지는
자연수의 나눗셈 개념

초등수학 | 자연수의 나눗셈 ▷▷ **중등수학** | 소인수분해

Chapter 04

중학수학으로 이어지는
분수 개념

초등수학 | 분수 ⋙ 중등수학 | 무한소수와 유리수

Chapter 05

중학수학으로 이어지는
분수 연산

초등수학 | 분수의 연산 >> 중등수학 | 방정식

초등수학에서 출발해 중학수학으로 나오는
지혜로운 길 찾기

어두운 밤이 되자 헨젤은 무서워 불안해하는 누이동생을 위로합니다.

"그레텔, 달이 뜰 때까지 기다려 봐. 아까 오면서 내가 빵조각들을 뿌려 놓았거든. 달님이 비춰 주는 빵조각을 따라가면 집으로 갈 수 있어."

달이 뜨고 두 남매는 길을 떠났지만, 빵조각은 하나도 보이지 않았습니다. 숲속의 새들이 모두 쪼아 먹었기 때문입니다. 헨젤도 그만 낙담하여 앞이 캄캄해졌습니다.

"분명히 이 근처에 뿌려 놓았는데…"

밤새도록 걷고 다음날도 아침부터 저녁까지 걸었지만 결국 길을 찾지 못했습니다.

아이들은 그렇게 숲에서 벗어날 수 없었습니다.

– 그림 형제의 〈헨젤과 그레텔〉에서

이 세상의 수학 문제는 단 두 종류뿐이에요.

"…일 때, …을 구하라!"

"…일 때, …임을 증명하라!"

그런데 이 두 종류의 문제마저 사실은 다르지 않습니다. 풀이 과정이 결국 '길 찾기'와 같으니까요. 모든 수학 문제 풀이는 '…일 때'라는 조건에서 출발해, 구하고자 하는(또는 증명하고자 하는) '결론'에 도착하는 길 찾기 과정입니다.

그러나 미로찾기의 길 찾기와 수학에서의 길 찾기는 약간 다릅니다. 미로찾기에서는 직감에 따라 무턱대고 나아갑니다. 그랬다가 막다른 길을 만나면 뒤돌아 나와도 됩니다. 하지만 수학에서는 반드시 흩어져 있는 단서들을 찾아내어 목적지에 이르는 올바른 길을 선택해야 합니다. 즉, 길목마다 놓여 있어 목적지를 안내하는 빵조각을 제대로 찾아야만 합니다.
사실 그 빵조각은 이미 우리가 배워서 '알고 있는 지식'이에요. 어떤 새로운 문제도 그 풀이는 알고 있는 것을 토대로 한 걸음씩 제대로 나아가야만 마침내 답을 찾을 수 있습니다. 따라서 수학 공부라는 길 찾기에서 되돌아 나오거나 헤매지 않으려면 이 빵조각들을 차근차근 따라가야만 합니다.

중학교 수학도 마찬가지입니다. 출발은 초등학교 수학입니다, 중학 수학으로 가는 길에 놓여 있는 빵조각 역시 초등학교 수학입니다.
이 책은 중학 수학의 출발점에 선 여러분에게 잠깐 멈춰서 초등수학을 돌아보고 정리할 것을 권합니다. 그래서 여러분의 손을 잡고 조심조심 빵조각을 하나씩 찾아 나섭니다. 이때 여러분은 중학수학을 배우는 데 필요한 초등수학의 개념을 '재발견'할 수 있습니다. 미처 몰랐던 원리도 알 수 있습니다. 그래서 초등수학의 개념이 중학 수학으로 어떻게 이어지고 확장되는지 알 수 있게 됩니다.

이 책은 초등수학의 개념을 중학수학의 개념으로 각 주제별로 직접 이어줍니다. 그 어디에서도 볼 수 없었던 새로운 시도입니다. 예를 들면 자연수의 핵심개념이 정수로 이어지고, 곱셈의 핵심개념은 곱셈공식으로, 그리고 분수의 핵심개념은 방정식으로 이어집니다.
초등수학에서 중학수학으로 개념을 잇는다는 것은, 중학수학과 연계되는 초등수학의 핵심개념을 완전 무장한 채로 중학수학을 만난다는 의미입니다. 당연히 중학수학이 쉬워질 수밖에 없습니다.

이 책에는 총 5개의 길 찾기가 있습니다. 각각의 길 찾기는 아주 쉬운 초등수학에서 출발하여 중학수학으로 나오게 됩니다.

첫 번째 길에서 여러분은 '자연수의 덧셈과 뺄셈'이라는 빵조각을 따라가나 보면 '정수의 덧셈과 뺄셈'을 발견할 수 있습니다.

두 번째 길에서 여러분이 발견한 '자연수 곱셈'이라는 빵조각은 어느새 중학교 3학년의 '곱셈공식'으로 이어집니다.

세 번째 길에 있는 '자연수 나눗셈'이라는 빵조각을 따라가면 '소수'라는 독특한 종류의 자연수를 발견할 수 있습니다. 이 순간 그렇게 어려웠던 초등학교의 '약수와 배수'가 너무나 쉬운 것이었다는 것도 깨닫게 됩니다.

이때의 나눗셈은 네 번째 길에 있는 '분수'라는 또 다른 빵조각으로 이어지는데, 분수를 다시 살펴보며 어쩌면 지금껏 분수를 잘못 알고 있었다는 것도 깨달을 수 있습니다. 그렇게 새롭게 되돌아본 분수는 여러분이 '유리수'라는 새로운 수의 세계에 발을 내디딜 수 있게 도와줄 겁니다.

마지막 다섯 번째 길에서 찾아낸 '분수의 사칙연산'이라는 빵조각을 자세히 들여다보면 같은 연산이지만 이전의 것과는 약간 다르다는 것을 발견할 겁니다. 그 순간 초등학교 때의 분수가 왜 그렇게 어려웠는지 저절로 깨달음과 동시에 곧 너무나 쉽게 풀 수 있는 새로운 방식의 분수 연산을 이해할 수 있습니다. 그렇게 되찾은 분수 연산이라는 빵조각은 중학교 수학의 '방정식'이라는 새로운 세계로 여러분을 안내합니다.

만약 여러분이 수학을 좋아한다면 아주 흥미롭게 읽을 수 있을 것입니다. 지금까지 들어본 적 없는 수학이야기와, 수학문제를 풀 줄은 알지만 왜 그런지 몰랐던 궁금증이 술술 풀릴 것입니다. 만약 초등학교 때 수학을 포기했다면 특히 이 책을 권합니다. 초등수학과 중학수학을 아우르는 수학의 기본을 교과서보다 쉽고 명쾌하게 설명해 두었습니다. 어쩌면 어려웠던 수학이 쉽게 느껴질지도 모릅니다.

그냥 팔짱을 끼고 읽어나가면 됩니다. 수학 공부를 한다고 손에 꽉 힘주어 연필을 잡을 필요가 없답니다. 그냥 천천히 읽어보세요. 헨젤과 그레텔은 새들에게 빵조각을 빼앗겨 숲속을 빠져나올 수 없었지만, 이 책에는 누구에게도 절대 빼앗길 수 없는, 중학수학으로 가는 지혜가 가득 담겨 있습니다. 이 책을 마칠 즈음이면 여러분은 초등수학에서 중학수학까지의 길이 투명유리처럼 훤히 들여다보일 겁니다.

저자 박영훈

Chapter 01

중학수학으로 이어지는
자연수의 덧셈과
뺄셈 개념

초등수학
자연수의
덧셈과 뺄셈

중학수학
정수의 덧셈과
뺄셈

덧셈의 패턴

두 자리 수 덧셈을 할 때 '세로셈'을 하는 이유는 무엇일까요?

세로셈의 계산절차는 잘 알지만, 왜 세로셈이 만들어졌는지는 생각해 보지 않았을 거예요.

자연수는 '자릿값'이 중요해요. 각 자리의 숫자들끼리 더하는 것이 자연수 덧셈의 핵심이니까요. 자연수 덧셈에서 '백칸표'와 '수직선'을 이용하면 자릿값의 변화를 한눈에 파악할 수 있어요. 그리고 세로셈으로 덧셈을 하는 이유도 저절로 알 수 있습니다. 특히 수직선 모델을 눈여겨 보세요. 중학교에서 배우는 새로운 수인 '정수'로까지 확장해 적용할 수 있기 때문이에요!

① 백칸표와 수직선 활용

백칸표는 1부터 100까지의 수를 한 줄에 숫자 10개씩 차례로 배열한 표예요. 이 백칸표에서 자연수 덧셈의 원리를 눈으로 확인할 수 있어요. 오른쪽으로 한 칸 갈 때마다 1씩 더한 숫자를 만나고, 아래로 한 줄씩 내려갈 때마다 10씩 더한 숫자를 만나요.

백칸표를 이용하여 덧셈 54+27의 값을 구해봅시다.

54에서 출발하여 '오른쪽으로' 7칸 움직여 7을 더하면 61, '아래로' 2칸 움직여 20을 더하면 81에 도착합니다. 즉, 더하는 수 27의 '일의 자리수 7'을 먼저 더해 61을 얻고 '십의 자리의 수 20'을 더해 81을 얻었습니다.('일의 자리수'와 '십의 자리수'를 자릿값이라고 해요.)

41	42	43	44	45	46	47	48	49	50
51	52	53	54→	55→	56→	57→	58→	59→	60
→61	62	63	64	65	66	67	68	69	70
71	72	73	74	75	76	77	78	79	80
81	82	83	84	85	86	87	88	89	90

$$54+27=\boxed{81}$$

이 백칸표를 한 줄씩 잘라서 옆으로 차례로 연결하면, 다음과 같은 수직선을 만들 수 있어요!

백칸표를 옆으로 늘어놓으니 수직선이 되었네.

이번에는 수직선을 이용하여 덧셈 54+27의 값을 구해볼까요?

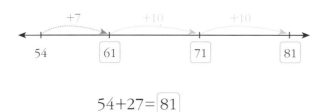

$$54+27= \boxed{81}$$

54에서 출발하여 7을 더하면 61, 그리고 20을 더하면 81에 도착합니다. '오른쪽으로' 27만큼 이동했네요.

앞에서 설명했듯 수직선은 백칸표의 각 줄을 옆으로 차례로 늘어놓은 거예요. 따라서 수직선에서도 1을 더하면 백칸표와 똑같이 오른쪽으로 한 칸 이동합니다. 10을 더할 때는 백칸표에서 아래로 한 칸 움직이는데, 수직선에서는 오른쪽으로 열 칸 이동합니다.

아하!
· 백칸표와 수직선으로도 덧셈을 할 수 있다.
· 백칸표에서 일의 자리 덧셈은 '오른쪽', 십의 자리 덧셈은 '아래쪽'으로 이동한다.
· 수직선에서 자연수의 덧셈은 '오른쪽'으로의 이동을 나타낸다.
· 백칸표와 수직선에서 덧셈은, '일의 자리'와 '십의 자리'를 분리하여 차례로 더한다.

② 세로셈

백칸표와 수직선에서 덧셈이 어떻게 실행되는지 알았어요. 두 수 54와 27의 '일의 자리'와 '십의 자리'를 분리하여 각각 차례로 더했답니다. 이 과정을 숫자만 사용하여 간편하게 나타낸 것이 세로셈이에요. 두 자리 자연수의 덧셈 54+27을 세로셈으로 구해봅니다.

$$
\begin{array}{r}
5\ 4 \\
+\ 2\ 7 \\
\hline
\boxed{1\ 1} \quad \cdots \quad 4+7 \quad \text{일의 자리끼리 더하기} \\
\boxed{7\ 0} \quad \cdots \quad 50+20 \quad \text{십의 자리끼리 더하기} \\
\hline
\boxed{8\ 1}
\end{array}
$$

1) 덧셈식 54+27을 세로로 씁니다.
2) 일의 자리의 덧셈 : 4 + 7 = 11
3) 십의 자리의 덧셈 : 50 + 20 = 70
4) 54 + 27 = (50+20)+(4+7)
  = 70+11
  = 81

위의 절차를 간소화하면 다음과 같습니다.

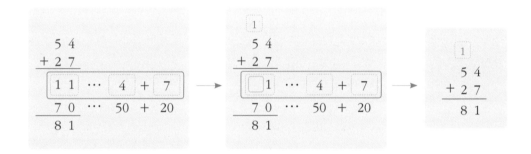

일의 자리끼리의 덧셈 4+7=11에서 십의 자리 숫자 1을 얻었습니다. 이 숫자를 십의 자리 수를 더할 때 다음과 같이 함께 더합니다.

$$10+50+20=80$$

우리가 알고 있는 덧셈의 표준절차는 이렇게 완성되었습니다!

백칸표, 수직선, 세로셈에서 확인한 자연수 덧셈의 핵심은 '일의 자리'와 '십의 자리'라는 자릿값이다!

두 자리 수 덧셈을 할 때, 꼭 일의 자리부터 구해야 해요?

일반적으로 두 자리 수의 덧셈은 일의 자리부터 구하도록 배우지만, 십의 자리부터 더해도 값은 같아요. 그럼 백칸표, 수직선, 세로셈에서 차례로 덧셈을 해봅시다.

41	42	43	44	45	46	47	48	49	50
51	52	53	**54**	55	56	57	58	59	60
61	62	63	64	65	66	67	68	69	70
71	72	73	74→75→	76→	77→	78→	79→	80	
81	82	83	84	85	86	87	88	89	90

54에서 출발하여 '아래로' 2칸 움직여 20을 더하면 74, 그리고 '오른쪽으로' 7칸을 움직여 7을 더하면 81에 도착해요.

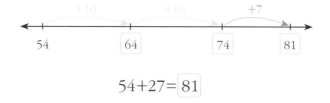

$$54+27=\boxed{81}$$

54에서 출발하여 먼저 20을 더하면 74에, 그리고 7을 더하기 위해 먼저 6을 더하면 80, 나머지 1을 더하면 81에 도착합니다. 그 결과 '오른쪽으로' 27만큼 이동했네요.

```
    5 4
  + 2 7
  ┌───┐
  │7 0│ … 50+20
  └───┘
  ┌───┐
  │1 1│ …  4 + 7
  └───┘
  ┌───┐
  │8 1│
  └───┘
```

세로셈에서도 역시 십의 자리와 일의 자리를 분리하여 어느 것을 먼저 더하더라도 결과는 같습니다.

문제 1 다음 덧셈의 답을 백칸표에서 각각 구하시오.

(1) 12+49

1	2	3	4	5	6	7	8	9	10
11	12	13	14	15	16	17	18	19	20
21	22	23	24	25	26	27	28	29	30
31	32	33	34	35	36	37	38	39	40
41	42	43	44	45	46	47	48	49	50
51	52	53	54	55	56	57	58	59	60
61	62	63	64	65	66	67	68	69	70
71	72	73	74	75	76	77	78	79	80
81	82	83	84	85	86	87	88	89	90
91	92	93	94	95	96	97	98	99	100

(2) 39+57

(3) 77+18

문제 2 다음 덧셈의 답을 수직선에서 구하고 위의 답과 비교하시오.

(1) 12+49

$$\longleftrightarrow$$

(2) 39+57

$$\longleftrightarrow$$

(3) 77+18

$$\longleftrightarrow$$

문제 3 다음 덧셈의 답을 세로셈으로 구하시오.

(1) 12+49   (2) 39+57   (3) 77+18

선생님만
보세요!

덧셈 알고리즘의 핵심은?

어른들은 덧셈 알고리즘이 너무 쉽고 간단하여 마치 태어날 때부터 알고 있었던 것처럼 여길 수 있지만, 처음 접하는 아이들은 다르다. 이는 아이들이 종종 계산 과정에서 범하는 다음과 같은 오류에서 확인할 수 있다.

덧셈 오류 1	덧셈 오류 2	덧셈 오류 3
무조건 받아올림	받아 올림 생략	두 번째 받아올림에서 오류 발생

$$\begin{array}{r} \scriptstyle 1\ 1\ \\ 5\ 7 \\ +\ 1\ 6 \\ \hline 1\ 7\ 3 \end{array} \qquad \begin{array}{r} 6\ 9 \\ +\quad 8 \\ \hline 6\ 7 \end{array} \qquad \begin{array}{r} 3\ 7 \\ +\ 6\ 4 \\ \hline 9\ 1\ 1 \end{array}$$

아이들은 왜 이러한 오류를 범할까?

교육 전문가가 아닌 대부분의 어른들은 아이들이 정해진 표준절차를 따르지 않았기 때문에 이 같은 오류가 발생한다고 간주한다. 기계적인 반복 연습을 강요하는 계산 문제집들은 그렇게 만들어졌다. 하지만 교육이 아닌 훈련의 강요에도 여전히 똑같은 오류가 반복되는 것을 목격하게 된다.

왜 그럴까? 정해진 절차를 단순히 따르기만 하면 되는데 왜 안 되는 것일까?

계산 과정에서 나타나는 똑같은 오류의 반복은 음치나 몸치에서 나타나는 현상과 비슷하다. 아이들의 능력이 부족해서라기보다는 불안한 심리에서 비롯하는데, 개인적인 경험과 연계되어 있어 원인을 특정해 한마디로 말하기 어렵다. 확실한 것은 강요나 압박이 오히려 이러한 현상을 심화시켜 역효과를 낳을 뿐이라는 것이다.

여기서는 단지 받아올림 과정에서 자릿값의 변화를 파악하는 것이 덧셈과 뺄셈의 핵심이라고, 수학적 관점으로만 설명할 수밖에 없다. 자릿값 개념이 형성되지 않은 상태에서는 십의 자리와 일의 자리를 아무리 이야기해도 받아들일 수 없고, 따라서 풀이 절차만을 기계적으로 따르라고 강요하면 똑같은 실수를 계속 범할 수밖에 없음은 당연하다.

앞에서 제시한 백칸표와 수직선 모델은 덧셈과 뺄셈 과정에서의 자릿수 변화를 눈으로 확인하기 위한 것이다. 백칸표와 수직선에서 십의 자리와 일의 자리의 변화를 눈으로 확인하며 충분히 경험한 후에 세로셈을 도입할 것을 권하는 것이다. 이를 순서대로 천천히 학습하면 세로셈을 이용한 덧셈의 표준 알고리즘을 쉽게 저절로 습득할 수 있는데, 이어지는 뺄셈에서도 이 모델의 유용성을 재확인할 수 있다.

02

초등수학 개념의 재발견

뺄셈의 패턴

빨셈도 백칸표와 수직선을 이용해서 각 자릿값의 변화를 눈으로 확인해 볼 거예요. 뺄셈은 어떻게 움직일까요? 덧셈과 한번 비교해 보세요. 여기서도 수직선 모델을 주의 깊게 살펴보는 걸 잊지 마세요!

1 백칸표와 수직선 활용

뺄셈도 덧셈과 같이 백칸표와 수직선을 활용해 봅시다. 예를 들어 뺄셈 65−28= 37 을 다음과 같이 구할 수 있습니다.

21	22	23	24	25	26	27	28	29	30
31	32	33	34	35	36	37	38	39	40
41	42	43	44	45	46	47	48	49	40
51	52	53	54	55	56	57	58	59	60
61	62	63	64	65	66	67	68	69	70
71	72	73	74	75	76	77	78	79	80

65에서 출발하여 '왼쪽으로' 8칸 움직여 8을 빼면 57, '위로' 2칸 움직여 20을 빼면 37에 도착합니다.

백칸표에서 덧셈은 오른쪽과 아래로 움직이지만, 뺄셈은 왼쪽과 위로 이동하는구나! 덧셈과 뺄셈은 서로 방향이 반대야!

이제 덧셈처럼 뺄셈을 수직선에서 실행해 볼까요? 뺄셈 65−28= 37 을 수직선에 나타내 봅시다.

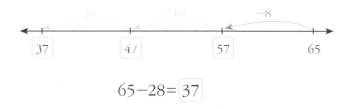

$$65-28=\boxed{37}$$

수직선 위의 65에서 출발하여 8을 빼면 57, 그리고 20을 빼면 37에 도착합니다. 역시 '왼쪽으로' 28만큼 움직였네요.

수직선에서도 백칸표와 마찬가지로 1을 빼면 왼쪽으로 한 칸 이동합니다. 10을 뺄 때는 왼쪽으로 열 칸 이동해야 합니다.

- 백칸표와 수직선으로도 뺄셈을 할 수 있다.
- 백칸표에서 일의 자리 뺄셈은 왼쪽으로, 십의 자리 뺄셈은 위로 이동한다.
- 수직선에서 뺄셈은 왼쪽으로 이동한다.
- 백칸표와 수직선에서의 뺄셈도 '일의 자리'와 '십의 자리'를 각각 분리한다.

뺄셈은
덧셈의 반대네!

2 세로셈

백칸표와 수직선에서의 뺄셈을 생각하며 뺄셈 65−28을 세로셈으로 구해 봅시다.

① 뺄셈식 65−28을 세로로 씁니다

② 일의 자리 뺄셈(5−8)을 하기 위해 65를 55+10으로 분리합니다.

③ 일의 자리의 뺄셈은 5−8이 아니라 15−8=7입니다. 이를 받아내림이라 합니다.

④ 십의 자리의 뺄셈 50−20=30

⑤ 따라서 뺄셈의 답은 37입니다.

자연수의 뺄셈에서도 중요한 것은 '일의 자리'와 '십의 자리'라는 자릿값 개념이다.

문제 4 다음 뺄셈의 답을 백칸표에서 각각 구하시오.

(1) 42−19

(2) 57−39

(3) 77−18

1	2	3	4	5	6	7	8	9	10
11	12	13	14	15	16	17	18	19	20
21	22	23	24	25	26	27	28	29	30
31	32	33	34	35	36	37	38	39	40
41	42	43	44	45	46	47	48	49	50
51	52	53	54	55	56	57	58	59	60
61	62	63	64	65	66	67	68	69	70
71	72	73	74	75	76	77	78	79	80
81	82	83	84	85	86	87	88	89	90
91	92	93	94	95	96	97	98	99	100

문제 5 다음 뺄셈의 답을 수직선에서 구하고 위의 답과 비교하시오.

(1) 42−19

$\longleftrightarrow$

(2) 57−39

$\longleftrightarrow$

(3) 77−18

$\longleftrightarrow$

문제 6 다음 뺄셈의 답을 세로셈으로 구하시오.

(1) 42−19   (2) 57−39   (3) 77−18

선생님만 보세요!

자릿값과 받아내림의 근본적 이해가 필수다

뺄셈 알고리즘을 적용할 때 아이들이 흔히 범하는 오류의 유형을 정리하면 다음과 같다.

뺄셈 오류 1

```
    10 10
    X  0  0
  -    4  7
  ─────────
       6  3
```

뺄셈 오류 2

```
        10
     5  6
  -  2  7
  ────────
     3  9
```

덧셈과 마찬가지로, 각 자릿값의 변화를 제대로 이해하지 못해 나타나는 오류다. 알고리즘 자체는 기억하고 있지만, 자릿값과 받아내림의 근본적인 원리에 대한 이해가 부족해 발생한 것이라 할 수 있다.

계속 이런 실수를 반복한다면 세로셈 계산을 반복하도록 강요하기보다는, 다음과 같이 백칸표와 수직선 모델을 먼저 충분히 연습하여 자릿값에 대한 이해를 형성하고 나서 뺄셈 알고리즘의 습득으로 이어지도록 하는 것이 바람직하다.

21	22	23	24	25	26	27	28	**29**	30
31	32	33	34	35	36	37	38	39	40
41	42	43	44	45	46	47	48	49	40
51	52	53	54	55	**56**	57	58	59	60

ⓜ 초등수학 개념의 재발견

뺄셈의 두 얼굴 : 덜어내기와 채워넣기

자연수의 덧셈과 뺄셈이 어떻게 실행되는지 알아보았는데요. 수직선에서 서로 반대 방향으로 움직였습니다. 그렇다면 뺄셈은 덧셈과 전혀 다른 연산일까요? 과연 덧셈과 뺄셈 사이에는 어떤 관계가 있을까요? 이 질문에 대한 답은 중학교에서 배울 '정수의 덧셈과 뺄셈'에서 매우 중요한 단서가 됩니다! 자연수 뺄셈에서 덧셈과의 연결고리를 찾아봅시다.

1 백칸표와 수직선 활용

흔히 뺄셈을 '빼기'라고 하죠? 얼마큼을 뺀다는 거예요. 이처럼 자연수의 뺄셈은 얼마큼을 덜어내거나 제거하여 남는 개수를 구할 때 적용해요. 그런데 뺄셈은 또 다른 상황, 즉 비교하거나 채워넣기 상황에도 적용됩니다.

'덜어내거나 제거하는 상황'과 '비교하거나 채워넣기 상황' 모두 똑같이 뺄셈이 적용되는데, 우선 그 의미가 어떻게 다른지 알아봅니다.

① **덜어내기** : 사과가 9개가 있는데 2개를 먹으면 몇 개가 남을까? 이것은 9개에서 2개를 빼는 '덜어내기' 상황이에요. 뺄셈식 $9-2=\square$로 나타내지요. 그림에서처럼 '덜어내기' 상황은 수직선에서 왼쪽으로 움직입니다.

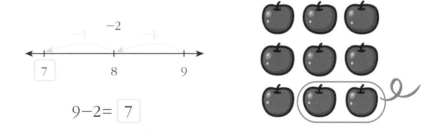

$$9-2=\boxed{7}$$

② **채워 넣기** : 9개들이 사과 상자에 사과가 2개뿐이라면, 몇 개를 더 넣어야 가득 채울 수 있을까? 이것은 뭔가를 더 넣는 '채워넣기' 상황이에요. 역시 뺄셈식 $9-2=\square$로 나타

냅니다. 그런데 '채워넣기' 상황을 수직선 위에 나타내면 그림에서처럼 오른쪽으로 움직입니다.

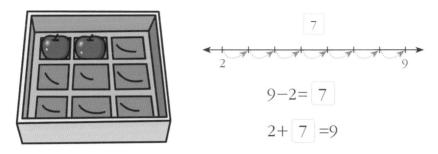

$$9-2=\boxed{7}$$

$$2+\boxed{7}=9$$

똑같은 뺄셈식 9−2=□가 수직선에서는 서로 반대로 움직이네요! 정말 혼란스럽죠?
채워넣기 상황을 다시 살펴볼까요? 수직선에서 오른쪽으로 움직이면 덧셈 상황이라고 앞에서 배웠습니다. 그렇다면 얼마만큼 채울 것인지를 수직선 위에 나타낼 때 채워넣기의 수직선이 오른쪽으로 움직이니까, 덧셈 상황이라고 할 수 있겠죠? 즉, 사과 2개에서 □개를 더 넣어야 9개들이 상자가 채워지므로, 채워넣기의 뺄셈 9−2=□는 덧셈 2+□=9로도 나타낼 수 있습니다.

- 덜어내기와 채워넣기는 똑같이 뺄셈이다.
- 덜어내기의 뺄셈은 수직선에서 왼쪽으로 움직인다.
- 채워넣기의 뺄셈은 수직선에서 오른쪽으로 움직이므로 덧셈으로도 나타낼 수 있다.

이와 같이 '덜어내기'와 '채워넣기'는 전혀 다른 상황이에요. 뺄셈식으로 나타내면 구별이 안 되지만, 수직선을 이용하면 그 차이를 눈으로 직접 확인할 수 있어요.
덧셈과 뺄셈의 답을 구할 줄 아는 것도 중요하지만, 이렇게 덧셈과 뺄셈의 관계를 파악하는 것이 더 중요합니다. 왜냐하면 이들의 관계는 곧 중학교에서 배우게 될 '정수 뺄셈'의 기본 원리가 되기 때문이에요. ('6.정수의 뺄셈, 덧셈이 되기도 해요'에서 자세히 배울 거예요.)

'덜어내기'의 뺄셈도 덧셈으로 나타낼 수 있나요?

그렇습니다. 이미 먹은 사과 2개와 남은 사과 ☐개를 더하면 전체 개수는 9개가 되므로, 덧셈 ☐+2=9 로도 나타낼 수 있습니다! 이를 수직선에 나타내 봅시다.

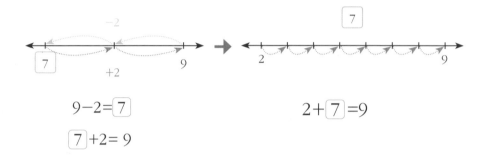

$$9-2=\boxed{7}$$

$$\boxed{7}+2=9$$

$$2+\boxed{7}=9$$

덜어내기의 뺄셈을 덧셈으로 바꾸면, 채워넣기에서 그랬듯 수직선에서 오른쪽으로 움직이도록 만들 수 있어요. 따라서 덜어내기와 채워넣기 모두 원래는 뺄셈이지만, 덧셈으로 나타낼 수 있습니다. 하지만 덜어내기 상황에서는 굳이 덧셈으로 바꿀 필요가 없습니다.

몇 층 더 올라갈까?

3층에 있는 우리집에서 할머니가 사시는 7층까지 가려면 몇 층 더 올라가야 할까?

뺄셈식: $7-3=\boxed{}$ ⟶ 덧셈식: $3+\boxed{}=7$

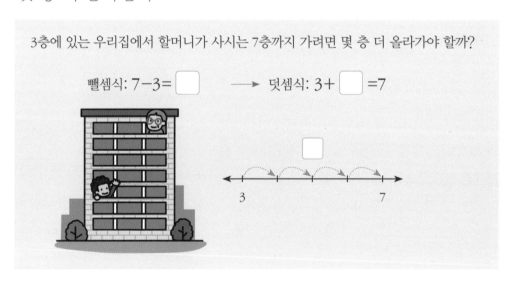

몇 층 더 올라가야 하는지를 구하는 문제는 뺄셈 $7-3=\boxed{}$로 구할 수 있어요. 이때 올라가야 할 층수를 ☐라 하면, 덧셈 $3+\boxed{}=7$으로도 나타낼 수 있습니다.

뺄셈 $7-3=\boxed{}$는 결국 덧셈 $3+\boxed{}=7$과 같은 것이네요. 또 다른 상황을 살펴봅시다.

몇 년 후일까?

오빠 나이는 15살이고, 나는 11살이에요. 나는 몇 년이 지나야 지금의 오빠와 같은 나이가 될까?

뺄셈식: $15-11=$ ☐ $\longrightarrow$ 덧셈식: $11+$ ☐ $=15$

☐

11   15

나와 오빠의 나이를 비교하는 문제예요. 나이 차이는 $15-11=$ ☐ 라는 뺄셈으로 나타내요. 이때 ☐ 는 두 사람 나이의 차이입니다. 이 뺄셈도 덧셈으로 나타낼 수 있습니다. $11+$ ☐ $=15$

쿠폰 도장 채워넣기

쿠폰에 도장 10개를 찍어서 가져가면 음료 한 잔을 준다고 한다. 지금까지 6개의 도장을 찍었는데, 앞으로 몇 개의 도장을 더 찍어야 음료를 받을 수 있을까?

뺄셈식: $10-6=$ ☐ $\longrightarrow$ 덧셈식: $6+$ ☐ $=10$

COUPON
OK OK OK OK OK
OK

☐

6   10

앞의 문제와 같은 상황이에요. 쿠폰의 도장 칸은 10개이고 현재 찍혀 있는 도장은 6개이므로, 채워야 할 도장의 개수는 뺄셈 $10-6=$ ☐ 으로 구할 수 있으니까요. 이 뺄셈도 역시 덧셈으로 나타낼 수 있습니다. $6+$ ☐ $=10$

지금까지 살펴본 것을 다음과 같이 정리할 수 있습니다.

> "뺄셈 A − B=☐ 는 동시에 덧셈 B+☐=A으로도 나타낼 수 있다."
>
> (A와 B는 자연수를 나타내는 문자)

 뺄셈은 덧셈으로 나타낼 수 있다!

뺄셈식 9−2=☐는 덧셈식 2+☐=9와 같다.

A와 B가 자연수일 때(단 A>B),

B+☐=A ⇒ A − B =☐

그리고   A − B=☐이면 B+☐=A

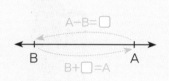

문제 7 다음 상황을 덧셈식과 뺄셈식으로 나타내고 답을 구하시오.

(1) 2층에서 9층까지 가려면 몇 층을 올라가야 할까?

· 덧셈식 _____   · 뺄셈식 _____

(2) 동생은 7살이고 형의 나이는 13살이다. 두 형제의 나이 차이는?

· 덧셈식 _____   · 뺄셈식 _____

(3) 2개들이 달걀판에 달걀 7개가 들어 있다. 달걀판을 모두 채우려면 몇 개의 달걀이 필요할까?

· 덧셈식 _____   · 뺄셈식 _____

뺄셈의 수학적 의미

뺄셈은 주로 전체 대상에서 일부를 제거한 나머지의 개수를 파악할 때 적용하지만, 이외에도 ① 비교하여 차이를 구하거나 ② 채워 넣는 양을 구하는 등의 다양한 상황에 적용된다.

그러므로 뺄셈 A − B=☐을 덧셈 B+☐=A로도 나타낼 수 있다.

실제로 뺄셈의 수학적 정의는 다음과 같다.

$$a - b = x \iff b + x = a$$

즉, 뺄셈 $a - b$의 값은 b에 덧셈을 하여 a가 되는 수(x)이다.

이렇게 뺄셈을 덧셈의 역으로 간주하면, 이어지는 음의 정수에 대한 사칙연산을 훨씬 자연스럽게 도입할 수 있다. 이때 제시되는 수직선 모델은 그 의미를 파악하는 데 매우 유용하다.

새로운 수, 정수와의 만남

이제 중학수학에서 배울 새로운 수, '정수'를 만날 준비가 되었습니다. 지금까지 자연수의 덧셈과 뺄셈을 살펴본 이유는, 정수에서도 그 원리가 그대로 이어지기 때문이에요. 정수는 초등학교 때 배우지 않았던 새로운 수예요. 그러나 수의 범위가 자연수에서 정수로 더 넓어졌을 뿐, 정수의 성질은 자연수의 성질과 크게 다르지 않습니다. 새로운 용어에 주의하세요!

유럽 여행에서 카페나 음식점을 찾을 때 당황하는 경우가 있습니다. 주소는 분명히 맞는데 1층에 있다는 음식점을 아무리 둘러보아도 찾을 수 없는 겁니다. 알고 보니 그 음식점은 1층이 아닌 2층에 있었더군요.

유럽에서는 1층을 지상층(ground level)이라 하여 숫자 0이나 알파벳 G로 표기합니다. 그래서 엘리베이터 숫자판에 0(또는 G), 1, 2, 3,…으로 표시되어 있죠.

오른쪽 그림과 같이 층수 배열이 수직선의 0, 1, 2, 3,…과 정확히 일치합니다. 따라서 유럽에서의 1층은 우리의 2층에 해당합니다.

그런데 유럽의 엘리베이터 숫자판에서는 다음과 같은 숫자들도 발견할 수 있습니다.

$$-1, -2, -3, \cdots$$

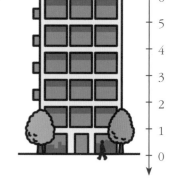

바로 지하 1층, 지하 2층, 지하 3층을 가리키는데요, 이런 숫자들을 수학에서는 '음의 정수(음수)'라고 합니다.

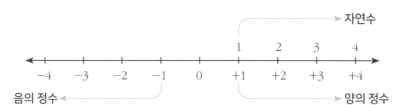

수직선의 0을 중심으로 오른쪽에 있는 수 1, 2, 3⋯은 '양의 정수(양수)', 왼쪽에 있는 수 −1, −2, −3,⋯은 '음의 정수(음수)'라고 하며, 이들을 통틀어 '정수'라고 합니다.

$$정수 \begin{cases} 양의\ 정수(자연수): 1, 2, 3\cdots \\ 0 \\ 음의\ 정수: -1, -2, -3\cdots \end{cases}$$

0은 정수에 속하지만, 양의 정수도 아니고 음의 정수도 아닌 매우 독특한 수입니다.

A가 양의 정수이면, A>0이고 −A<0이다.
그러나 A가 음의 정수이면, A<0이고 −A>0이다.

−A는 A의 부호가
반대로 바뀐다는
뜻이네

음수는 온도를 나타낼 때도 사용합니다. 얼음이 어는 온도를 섭씨 0도라 정하고 이보다 높으면 영상, 낮으면 영하라고 하는데요, 각각 양수와 음수로 나타냅니다. 예를 들어 체온 +37도는 양수, 북극에서 관측한 최저 기온 −70도는 음수예요.

해발고도에도 음수를 사용합니다. 바다의 평균수면을 0으로 하여 높이를 숫자로 나타내는데요, 백두산의 높이 2705m는 양수 +2705로, 이스라엘과 요르단 사이에 있는 호수인 사해의 최저 깊이 378m는 음수 −378로 표기합니다. 즉, 산의 높이는 양의 부호 '+'로, 바다의 깊이는 음의 부호 '−'를 사용하여 나타냅니다.

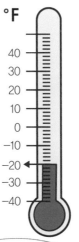

우리나라에서 가장
높은 산은 백두산! 백두산의
해발고도는 2705m입니다!

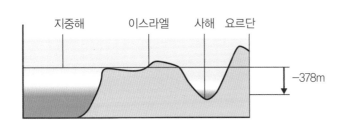

지중해 이스라엘 사해 요르단

−378m

+2705

① 음의 부호와 절댓값

수직선에서 0의 오른쪽에 있는 자연수는 양수이므로, 양의 부호 '+'와 함께 표기해야 하지만 보통 생략해요. 그러나 0의 왼쪽에 있는 음의 정수를 표기할 때는 음의 부호 '−'를 생략할 수 없습니다. 따라서 −1, −2, −3, …으로 표기해야 해요.

수직선에서 양의 정수 +3과 음의 정수 −3은 원점 0을 중심으로 대칭 관계에 있습니다. 따라서 원점 0에서 +3까지의 거리와 원점 0에서 −3까지의 거리는 같아요. 이 거리를 '절댓값'이라 하고 다음과 같이 나타냅니다.

+더 알아보기+

음의 부호 '−'의 의미

−A는 양수일까요, 음수일까요? −A는 양수일 수도 있고, 음수일 수도 있어요. 앞에 음의 부호 '−'가 있다고 반드시 0의 왼쪽에 위치하는 것은 아니에요. 음의 부호는 어떤 수가 음수라는 것을 뜻하면서 동시에 부호가 반대임을 뜻하기도 하기 때문입니다.

예를 들어 −3은 음의 정수지만, −(−3)은 양의 정수예요. 그러니까 −(−3)은 −3의 부호와 반대, 즉 음의 정수와 부호가 반대인 +3과 같아요. 이때 맨 앞의 부호 −는 음수라는 뜻이 아니라 부호가 반대라는 뜻을 나타냅니다.

$$-(-3)=+3$$
↓   음의 정수를 뜻함
부호가 반대임을 뜻함

$$-(+3)=-3$$
↓   양의 정수를 뜻함
부호가 반대임을 뜻함

그러므로 −A가 반드시 음의 정수는 아니라는 점에 주의해야 합니다. A가 자연수이면 −A는 당연히 음의 정수입니다. 그러나 A가 음의 정수이면 −A는 양의 정수입니다.

절댓값은 원점 0으로부터의 거리를 나타내므로 당연히 양수입니다. 따라서 음수에 절댓값을 취하면 양수가 됩니다. 즉, −3의 절댓값은 3입니다.

$$|+3|=3 \qquad\qquad |-3|=3$$

문제 8) 다음 문장은 참일까, 거짓일까?

a가 음의 정수이면, $-a$는 자연수이다. (참 / 거짓)

문제 9) 다음을 간단히 하시오.

(1) $-(+5)=$

(2) $-(-7)=$

(3) $|-5|=$

(4) $-|-3|=$

음의 정수 연산도 수직선 모델로!

대부분의 아이들은 음의 정수로까지 확대한 수직선을 그다지 당황하지 않고 자연스럽게 받아들인다. 0을 중심으로 오른쪽에 있는 자연수를 거울에 비치는 이미지처럼 왼쪽으로 대칭 이동한 것으로 생각하기 때문이다. 그러니까 수직선에서 정수 개념을 도입할 때, '대칭이동'이라는 수학적 용어를 사용할 수도 있다.

앞에서 덧셈의 역으로서 뺄셈의 새로운 의미를 살펴보았다. 그리고 수의 범위를 수직선을 이용하여 음의 정수까지 확장하였다. 이제 음의 정수의 덧셈과 뺄셈을 학습할 충분한 준비가 되었다.

05

정수의 덧셈, 뺄셈이 되기도 해요

이제 정수가 무엇인지 알았습니다. 우리가 다룰 수 있는 수의 범위가 자연수에서 음수로까지 넓어졌네요! 지금부터 정수의 덧셈과 뺄셈에 대하여 알아볼 텐데요, 자연수에서 음의 정수까지 수의 범위가 넓어졌지만, 정수는 자연수의 덧셈과 뺄셈에서 적용되었던 성질을 그대로 가지고 있답니다! 먼저 정수의 덧셈부터 시작합니다.

정수의 덧셈도 자연수의 덧셈에서 그랬던 것처럼 수직선을 이용해 알아봅니다. 다음과 같이 4가지 경우로 나누어 살펴보겠습니다.

(1) (양의 정수)+(양의 정수)   (2) (음의 정수)+(양의 정수)

(3) (양의 정수)+(음의 정수)   (4) (음의 정수)+(음의 정수)

① 수직선을 이용한 정수의 덧셈

① (양의 정수) + (양의 정수)

$(+4)+(+3)$을 수직선에서 구해봅시다.

양의 정수 +4에서 출발하여 +3만큼, 즉 오른쪽으로 3만큼 이동하여 +7에 도착합니다. 양의 정수는 곧 자연수이므로, 이미 배웠던 두 자연수의 덧셈 4+3과 같습니다.

$$(+4)+(+3)=+7$$

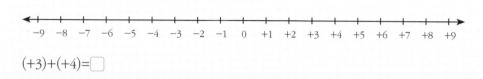

문제 10 다음 덧셈을 수직선 위에 나타내고 답을 구하시오.

$(+5)+(+3)=\square$

$(+3)+(+4)=\square$

② (음의 정수)+(양의 정수)

(음의 정수)+(양의 정수)도 수직선에서 구할 수 있습니다. $(-4)+(+3)$을 수직선에서 구해 봅니다.

음의 정수 -4에서 출발하여 $+3$만큼, 즉 오른쪽으로 3만큼 이동하여 -1에 도착합니다.

$$(-4)+(+3)=-1$$

문제 11 다음 덧셈을 수직선 위에 나타내고 답을 구하시오.

$(-5)+(+3)=\square$

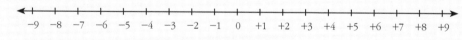

$(-3)+(+8)=\square$

두 정수 A와 B의 덧셈 A+B는 수직선 위의 점 A에서 출발하여 B만큼 이동한다. 이때 B가 양수이면 오른쪽으로 이동한다.

③ (양의 정수)+(음의 정수)

정수 A와 B의 덧셈 A+B는, A에서 출발하여 B만큼 이동한다는 것을 알았습니다. 그런데 만일 B가 음의 정수라면 어떻게 될까요? B가 음의 정수이면 양의 정수일 때와는 반대 방향, 즉 왼쪽으로 이동하겠죠!

$(+4)+(-3)$를 수직선 위에서 구해봅시다.

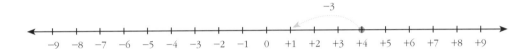

$(+4)+(-3)$는 양의 정수 $+4$에서 출발하여 -3만큼 이동, 즉 왼쪽으로 3만큼 이동하여 $+1$에 도착합니다.

$$(+4)+(-3)=+1$$

문제 12 다음 덧셈을 수직선 위에 나타내고 답을 구하시오.

$(+7)+(-3)=\square$

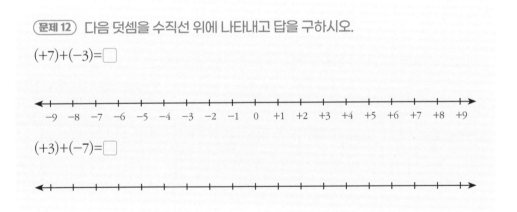

$(+3)+(-7)=\square$

④ (음의 정수)+(음의 정수)

(음의 정수)+(음의 정수)도 음의 정수를 더하기 때문에 수직선 위에서 왼쪽으로 이동합니다. $(-4)+(-3)$을 수직선에서 구해봅시다.

$(-4)+(-3)$은 음의 정수 -4에서 출발하여 -3만큼, 즉 왼쪽으로 3만큼 이동하여 -7에 도착합니다.

$$(-4)+(-3)=-7$$

두 정수 A와 B의 덧셈 A+B는 수직선 위의 점 A에서 출발하여 B만큼 이동한다. 이때 B가 음수이면, 양수일 때와는 반대 반향인 왼쪽으로 이동한다.

② 절댓값을 이용한 정수의 덧셈

절댓값은 수직선에서 '0을 나타내는 원점으로부터의 거리'입니다. 이 절댓값을 이용해서 정수의 덧셈을 할 수도 있습니다! 앞에서 수직선을 이용해 알아보았던 네 가지 경우를 이 번에는 절대값을 이용해 ㉠ **더하는 두 수의 부호가 같은 경우**와 ㉡ **더하는 두 수의 부호가 다른 경우**로 나누어 살펴봅시다.

㉠ 두 수의 부호가 같은 경우
'수직선을 이용한 정수의 덧셈'에서 살펴본 4가지 경우에서 두 수의 부호가 같은 경우는 ① (양의 정수)+(양의 정수)와 ④ (음의 정수)+(음의 정수)입니다.

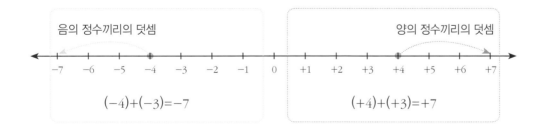

① (양의 정수)+(양의 정수) : $(+4)+(+3)=+7$
두 수의 절댓값은 각각 $|+4|=4$, $|+3|=3$이에요. $(+4)+(+3)=+7$은 두 수의 절댓값, 즉

두 자연수의 덧셈 4+3=7과 결과가 같네요!

④ (음의 정수)+(음의 정수) : $(-4)+(-3)=-7$

두 수의 절댓값은 각각 $|-4|=4$, $|-3|=3$이에요. $(-4)+(-3)=-7$은 두 수의 절댓값, 즉 두 자연수의 덧셈 4+3=7과 부호만 반대네요!

이 결과를 요약 정리하면 다음과 같습니다.

<table>
<tr><td align="center">양의 정수끼리의 덧셈</td><td align="center">음의 정수끼리의 덧셈</td></tr>
<tr><td align="center">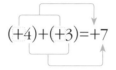</td><td align="center">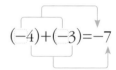</td></tr>
<tr><td align="center">4+3=7(두 수의 합)</td><td align="center">4+3=7(두 수의 절댓값의 합)</td></tr>
<tr><td align="center">두 양수의 덧셈은 자연수 덧셈이다.</td><td align="center">두 음수의 덧셈은 절댓값인
양수(자연수)의 합에 부호만 음수다.</td></tr>
</table>

아하! **부호가 같은 두 정수의 덧셈**
(양의 정수)+(양의 정수)와 (음의 정수)+(음의 정수)는 절댓값으로 바꾼 두 자연수의 덧셈과 같다. 단, 부호는 두 수의 부호를 따른다.

문제 13 다음 덧셈의 답을 구하시오.

(1) $(-1)+(-4)=\square$ (2) $(-6)+(-2)=\square$

ⓛ 두 수의 부호가 다른 경우

'수직선을 이용한 정수의 덧셈'에서 살펴본 4가지 경우에서 두 수의 부호가 다른 경우는
② (음의 정수)+(양의 정수)와 ③ (양의 정수)+(음의 정수)입니다.

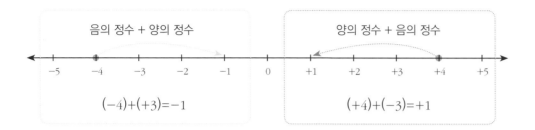

② 음의 정수와 양의 정수의 덧셈 $(-4)+(+3)=-1$

두 수의 절댓값은 각각 $|-4|=4$, $|+3|=3$이에요. $(-4)+(+3)=-1$은 두 수의 절댓값, 즉 두 자연수의 뺄셈 $4-3=1$과 부호만 다르네요! 두 수의 부호가 다를 경우에는 절댓값이 큰 수의 부호를 따르기 때문이에요. 즉 -4가 $+3$보다 절댓값이 크므로 -4의 부호를 따라 -1이 되었습니다.

③ 양의 정수와 음의 정수의 덧셈 $(+4)+(-3)=+1$

두 수의 절댓값은 각각 $|+4|=4$, $|-3|=3$이에요. $(+4)+(-3)=+1$은 두 수의 절댓값, 즉 두 자연수의 뺄셈 $4-3=1$과 같네요! $+4$가 -3보다 절댓값이 크므로 $+4$의 부호를 따라 $+1$이 되었습니다. 이 결과를 요약 정리하면 다음과 같습니다.

양의 정수와 음의 정수의 덧셈	음의 정수와 양의 정수의 덧셈
4>3(절댓값이 큰 수의 부호)	4>3(절댓값이 큰 수의 부호)
$(+4)+(-3)=+1$	$(-4)+(+3)=-1$
4-3=1(두 수의 차이)	4-3=1(두 수의 차이)
양수인 +4의 절댓값이 −3의 절댓값보다 크므로 +1이다.	음수인 −4의 절댓값이 +3의 절댓값보다 크므로 −1이다.

부호가 다른 두 정수의 덧셈

(양의 정수)+(음의 정수)와 (음의 정수)+(양의 정수)는 절댓값으로 바꾼 두 자연수의 뺄셈과 같다. 단, 부호는 절댓값이 큰 수의 부호를 따른다.

문제 14 다음 덧셈의 답을 구하시오.

(1) $(-7)+(+2)=$ ☐   (2) $(-2)+(+5)=$ ☐

 **선생님만 보세요!**

수직선 모델에서 덧셈의 의미, "더 간다"

수직선 모델에서 3+2=5라는 덧셈식의 처음 숫자 3은 출발점이고, 더하는 수 2는 이동하는 양을 말한다. 문장으로 기술한다면 다음과 같다.

"3에서 2만큼 이동한다."

이 원리는 자연수뿐만 아니라 확장된 정수까지 그대로 적용할 수 있다. 다만 양수를 더할 때는 '오른쪽'이고 음수를 더할 때는 '왼쪽' 방향을 가리키는 것만 다를 뿐이다. 이어지는 음의 정수의 뺄셈에도 이 원칙을 적용할 것이다. 물론 먼저 뺄셈을 덧셈으로 전환하고 나서.

06

정수의 뺄셈, 덧셈이 되기도 해요

덧셈에 이어 뺄셈도 자연수에서 정수까지 수의 범위를 확장합니다. 정수의 뺄셈도 자연수의 뺄셈과 같이 수직선 모델을 이용하면 어렵지 않아요! 하지만 정수 뺄셈을 하기 위해 꼭 알아야 할 두 가지가 있답니다. 바로 ① 기호 '−'가 나타내는 2가지 의미와 ② 뺄셈과 덧셈의 관계예요. 자 그럼, 하나씩 살펴볼까요?

1️⃣ 기호 '−'가 나타내는 2가지 의미

'−' 기호는 2가지 의미를 가지고 있어요. 예를 들어 −3과 5−3에는 똑같이 '−'기 들어 있지만, '−' 기호가 의미하는 바는 각기 다르답니다!

−3에서의 '−'는 음의 정수 3을 나타내요. 자연수인 양의 정수 +3과 절댓값이 같지만 부호는 반대임을 뜻하죠. 그런데 5−3에서의 '−' 기호는 뺄셈을 뜻하는 '연산기호'예요. 즉, 두 자연수 5와 3의 관계를 나타냅니다. 따라서 음의 정수를 나타내는 '부호'와는 구별해야 합니다.

그러므로 뺄셈식 (+3)−(−2)에서 −(−2)에 들어 있는 두 개의 '−'는 모양이 같지만 각각의 의미는 다릅니다. 괄호 안 (−2)의 '−'는 음의 정수 2를 나타내요. 그리고 괄호 밖의 '−'는 뺄셈 기호로, 양의 정수 +3에서 음의 정수 −2를 '빼는' 것을 나타냅니다.

난 뺄셈을 뜻하는 연산기호!

난 '음수'를 나타내는 부호야!

$(+3) \quad (-2)$

뺄셈 기호   음의 부호

모양은 같은데 의미가 다르네!

② 뺄셈과 덧셈의 관계

앞에서 살펴본 뺄셈과 덧셈의 관계를 다시 떠올려봅시다.

"공 5개가 들어 있는 8개들이 상자를 가득 채우려면 몇 개의 공이 더 필요한가?"

이 문제는 다음과 같은 뺄셈으로 풀 수 있습니다.

$$8-5=\boxed{}$$

그런데 이 뺄셈은 5에 얼마를 더하면 8이 되는가를 뜻합니다. 따라서 덧셈 $5+\boxed{}=8$로 나타낼 수 있어요.(기억나죠?) 그렇다면 정수의 뺄셈도 덧셈으로 바꾸어 수직선에 나타낼 수 있겠죠?

이제 음수를 나타내는 부호 '−'와, 뺄셈을 뜻하는 연산 기호 '−'를 구별할 수 있게 되었습니다. 그리고 주어진 뺄셈을 덧셈으로 바꿀 수도 있습니다.

③ 정수의 뺄셈

정수의 뺄셈도 덧셈에서와 같이 다음 4가지 경우로 나누어 수직선에서 살펴봅시다.

① (양의 정수)−(양의 정수)　　　　② (음의 정수)−(양의 정수)

③ (양의 정수)−(음의 정수)　　　　④ (음의 정수)−(음의 정수)

① (양의 정수)−(양의 정수)

양의 정수끼리의 뺄셈, 예를 들어 $(+5)-(+2)$를 덧셈으로 바꿀 수 있습니다.

$$(+5)-(+2)=\boxed{} \longrightarrow (+2)+\boxed{}=(+5)$$

이 덧셈식을 수식선에 다음과 같이 나타낼 수 있습니다.

덧셈 (+2)+□=(+5)이므로, 양의 정수 +2에서 출발하여 양의 정수 +5에 도착하려면 오른쪽으로 3칸, 즉 +3만큼 이동해야 합니다. 따라서 (+5)−(+2)=+3입니다. 당연히 정수끼리의 뺄셈 (+5)−(+2)는 이미 알고 있는 두 자연수의 뺄셈 5−2와 같습니다.

문제 15 다음 정수의 뺄셈을 덧셈으로 바꾸어 수직선 위에 나타내고 답을 구하시오.

(+5)−(+3)=□

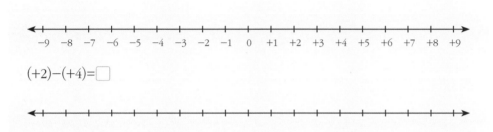

(+2)−(+4)=□

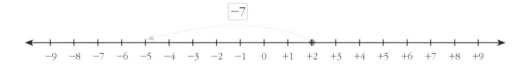

② (음의 정수)−(양의 정수)

음의 정수와 양의 정수의 뺄셈, (−5)−(+2)도 덧셈으로 바꿀 수 있습니다.

$$(-5)-(+2)=□ \longrightarrow (+2)+□=(-5)$$

이 덧셈을 수직선에 나타내면 다음과 같습니다.

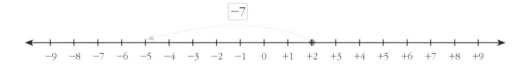

덧셈 (+2)+□=(−5)이므로, 양의 정수 +2에서 출발하여 음의 정수 −5에 도착하려면 왼쪽으로 7칸, 즉 −7만큼 이동해야 합니다. 따라서 (−5)−(+2)=−7입니다.

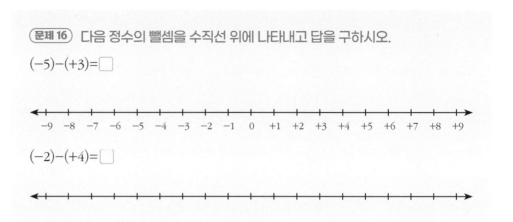

문제 16 다음 정수의 뺄셈을 수직선 위에 나타내고 답을 구하시오.

$(-5)-(+3)=$ ☐

```
←─┼──┼──┼──┼──┼──┼──┼──┼──┼──┼──┼──┼──┼──┼──┼──┼──┼──┼──┼─→
  -9 -8 -7 -6 -5 -4 -3 -2 -1  0 +1 +2 +3 +4 +5 +6 +7 +8 +9
```

$(-2)-(+4)=$ ☐

```
←─┼──┼──┼──┼──┼──┼──┼──┼──┼──┼──┼──┼──┼──┼──┼──┼──┼──┼──┼─→
```

③ (양의 정수)-(음의 정수)

양의 정수에서 음의 정수를 빼는 경우인 $(+2)-(-3)$도 덧셈으로 바꿔 수직선에 나타낼 수 있습니다.

$$(+2)-(-3)=\boxed{} \longrightarrow (-3)+\boxed{}=(+2)$$

$$\boxed{+5}$$

```
←─┼──┼──┼──┼──┼──●──┼──┼──┼──┼──▶──┼──┼──┼──┼──┼──┼──┼──┼─→
  -9 -8 -7 -6 -5 -4 -3 -2 -1  0 +1 +2 +3 +4 +5 +6 +7 +8 +9
```

덧셈 $(-3)+\boxed{}=(+2)$이므로, 음의 정수 -3에서 출발하여 양의 정수 $+2$에 도착하려면 오른쪽으로 5칸, 즉 $+5$만큼 이동해야 합니다. 따라서 $(+2)-(-3)=\boxed{+5}$입니다. 그런데 여기서 잠깐! $(+2)-(-3)=5$는 $(+2)+(+3)=5$와 계산결과가 같다는 점에 주목해 주세요. 즉, 음의 정수 -3을 뺀 결과가 음의 정수를 양의 정수(자연수)로 바꾸어 더한 것과 같습니다.

$$(+2)-(-3)=(+2)+(+3)=+5$$

④ (음의 정수)-(음의 정수)

마지막으로 음의 정수끼리의 뺄셈, $(-5)-(-3)$도 덧셈으로 바꿔 수직선 위에 나타냅니다.

$$(-5)-(-3)=\boxed{} \longrightarrow (-3)+\boxed{}=(-5)$$

이를 다음과 같이 수직선에 나타낼 수 있습니다.

덧셈 $(-3)+\boxed{}=(-5)$이므로, 음의 정수 -3에서 출발하여 음의 정수 -5에 도착하려면 왼쪽으로 2칸, 즉 -2만큼 이동해야 힙니다. 따라서 $(-5)-(-3)=\boxed{-2}$입니다.

앞의 ③에서와 같이, 음의 정수를 뺀 결과는 음의 정수를 양의 정수(자연수)로 바꾸어 더한 것과 같다는 사실에 주목하세요.

$$(-5)-(-3)=(-5)+(+3)=-2$$

문제 17 다음 뺄셈을 덧셈으로 바꾸어 수직선 위에 나타내고 답을 구하시오.

$(+7)-(-3)=\boxed{}$

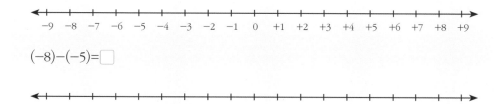

$(-8)-(-5)=\boxed{}$

빼는 수가 음수일 때의 뺄셈

(양의 정수)−(음의 정수)와 (음의 정수)−(음의 정수)는, 빼는 수를 절댓값이 같은 양의 정수로 바꾼 덧셈과 같다.

덧셈과 뺄셈에서 꼭 가르쳐야 할 것들

"수학은 기초가 중요하다"고 한다. 또 "개념이 중요하다"고 한다. 사실이다!

그런데 도대체 수학의 기초는 무엇이며, 수학적 개념과는 어떻게 다르다는 걸까?

이들 용어를 빈번하게 거론하면서도 실제로 해당 용어가 무엇을 가리키는지 구체적으로 콕 짚어주는 설명을 접하기는 쉽지 않아 이곳에 정리해본다.

'수학의 기초'는 수학이라는 학문의 특성과 밀접한 관련이 있다. 수학을 웅장한 대성당이나 화려한 궁전과도 같은 건축물에 비유해보자. 수학의 기초는 이 건축물을 지탱하는 대리석과 같이 견고한 주춧돌과 튼튼한 기둥이며, 개념은 이를 토대로 세워진 건물인 셈이다.

예를 들어, 앞에서 언급했던 '자연수의 뺄셈은 덧셈의 역'이라는 명제는, 뺄셈이라는 건축물이 덧셈이라는 주춧돌 위에 지어졌음을 말한다. 즉, 덧셈과 뺄셈이 분리된 별개의 개념이 아니며 서로 연계되어 있다는 것이다. 이어서 덧셈과 뺄셈을 기초로 곱셈 개념이 형성되고, 곱셈을 기초로 나눗셈이 형성된다. 정수라는 새로운 수도 자연수를 토대로 확장되었음을 이미 앞에서 확인한 바 있다.

그러므로 수학적 정의나 공식 자체가 곧 수학적 개념이라고 여기는 것은 수학에 대한 오해에서 비롯된 것이다. 수학적 개념은 이전의 수학적 지식을 기초로 연계되어 발전되는 아이디어의 총체이기 때문이다. 따라서 사전에 나오는 단어를 암기하듯 수학적 개념을 익히는 것은 잘못된 수학 공부. 무엇이 개념의 기초인가를 파악하고 이들을 어떻게 연계할 수 있는가 하는 아이디어의 습득이 수학적 개념의 올바른 형성과정이라는 점을 기억해야만 한다.

〈1장, 중학수학으로 이어지는 자연수의 덧셈과 뺄셈〉의 핵심은 정수의 덧셈과 뺄셈이다. 이 책에서는 '정수의 뺄셈'이라는 아주 작은 하나의 수학적 아이디어도 덧셈으로부터 자연스럽게 형성된다는 것을 보여주기 위해 전개 과정을 매우 치밀하고 정교하게 구성하였다.

초등학교 2학년의 '자연수 덧셈'이라는 단순 계산은 '세로셈' 표준 알고리즘에 의해 누구나 그 결과를 얻을 수 있다. 처음에 백칸표와 수직선 모델을 도입한 것은 이 알고리즘이 어떻게 형성되었는지 그 과정을 보여주기 위한 것이었다. 아울러 백칸표와 수직선 위에서 뺄셈도 구현할 수 있었는데, 이 과정에서 뺄셈이 덧셈의 역이라는 사실도 자연스럽게 받아들이도록 하는 의도를 담은 것이다.

이어서 연산 기능에 초점을 두지 않고 연산의 의미, 특히 뺄셈의 의미를 파악하기 위해 다양한 상황을 제시하였다. 이를 통해 뺄셈은 단순히 제거 상황만이 아니라 부족한 것을 채워 넣거나 비교할 때의 차이를 구하는 상황에도 적용된다는 사실을 보여주었다.

백칸표와 수직선, 그리고 다양한 뺄셈 상황의 제시는 결국 뺄셈 $A-B=\square$가 실은 덧셈 $B+\square=A$라는 것을 보여주려는 의도에서 비롯된 것이다. 이때 수직선 모델이 중요한 역할을 담당했는데, 수직선의 위력은 여기서 그치지 않는다. 음의 정수가 원점을 중심으로 자연수와 대칭이라는 사실도 수직선 위에서 확인하였고, 이로써 새로이 확장된 정수의 덧셈도 수직선 위에서 구현할 수 있었다. 즉, 양의 정수를 더할 때에는 오른쪽으로, 음의 정수를 더할 때에는 왼쪽으로 이동하면 되었던 것이다.

한편, 뺄셈은 덧셈의 역이라는 사실로부터 정수의 뺄셈도 수직선 위에서 구현할 수 있다. 특히 중학교에서 가장 이해하기 어렵다는 음수의 뺄셈, 즉 '음수 빼기는 양수 더하기와 같다'는 사실이 왜 성립하는지를 수직선을 활용하면 자연스럽게 파악할 수 있었다. 물론 뺄셈을 덧셈으로 바꾸는 작업이 그 핵심이다. 수학의 기초와 개념에 초점을 둔 이러한 일련의 전개는 이 책에서만 볼 수 있는 특징이라고 감히 말할 수 있다.

Chapter 02

중학수학으로 이어지는
자연수의 곱셈 개념

≈ 자연수 곱셈에서 곱셈공식이 보인다! ≈

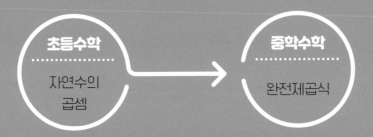

초등수학 → 중학수학
자연수의 곱셈 → 완전제곱식

이유 있는 약속, 곱셈을 왜 먼저 계산할까?

> 글을 읽을 때 왼쪽에서 오른쪽으로 읽는 것처럼, 수식 계산도 왼쪽에서 오른쪽으로 차례로 계산합니다. 그런데 덧셈 · 뺄셈과 곱셈 · 나눗셈이 함께 있으면, 곱셈 · 나눗셈이 오른쪽에 있어도 덧셈 · 뺄셈보다 먼저 계산합니다! 왜 그럴까요?
>
> "수학자들이 그렇게 약속했기 때문에 따라야 해요." 여러분의 대답이 들리는 것 같네요. 그렇게 배웠으니까 당연합니다. 그런데 정말 약속 때문일까요? 설사 그렇다 해도 수학자들이 약속했던 이유가 있지 않을까요? 누구도 알려주지 않았던 이 질문의 답을 직접 찾아 나서 봅시다!

1 곱셈은 '괄호 안의 덧셈'

> 같은 수를 거듭 더한다 해서 한자로 동수누가 同數累加라고 해요.
>
> 동 同 : 같음, 함께
> 수 數 : 헤아림, 계산
> 누 累 : 묶음, 늘림
> 가 加 : 더하기

초등학교에 입학하기 전에 우리는 사탕이 몇 개인지, 자동차가 몇 대인지 '수 세기'를 배웠습니다. 그리고 나서 덧셈과 뺄셈 기호 +와 −를 만났죠. 이처럼 덧셈과 뺄셈은 이미 알고 있던 수 세기에서 시작되었습니다.

곱셈도 마찬가지예요. 곱셈은 이미 알고 있던 덧셈에서 비롯되었답니다. 곱셈 기호는 '같은 수를 거듭 더하는 덧셈'을 나타내요. 예를 들어 곱셈 3×5는 '3의 5배', 즉 3을 5번 더한 식이죠.

$$3 \times 5 = 3+3+3+3+3$$

이제 곱셈의 정의를 알았으니, 덧셈 · 뺄셈과 함께 들어 있을 때 곱셈을 어떻게 계산하는지 살펴봅시다. 다음 네 개의 식을 비교해 보세요.

① $18-5+5+5$
  $=13+5+5$
  $=18+5$
  $=23$

② $18-(5+5+5)$
  $=18-15$
  $=3$
  ↓
  괄호 안의 덧셈 먼저!

③ $18-5\times3$
  $=18-15$
  $=3$

④ $(18-5)\times3$
  $=3\times3$
  $=39$

위의 네 가지 식은 계산 순서에 따라 답이 어떻게 달라지는지 보여줍니다. 계산 순서에는 몇 가지 원칙이 있답니다!

첫 번째 원칙은 "왼쪽부터 오른쪽으로 차례로 계산한다"예요. ①번이 이 원칙에 따라 풀이한 거예요.

두 번째 원칙은 "괄호가 있으면 괄호 안의 식부터 계산한다"예요. ②를 보세요. 괄호가 있기 때문에 왼쪽부터 차례로 계산하지 않고 먼저 괄호 안의 식을 계산했어요. 그랬더니 ①과 ②의 답이 각각 23과 3으로 전혀 달라졌습니다!

이번에는 ②와 ③을 비교해 보세요. 두 식이 같다는 것을 눈치챘나요? 앞에서 살펴보았듯 '5×3은 5를 3번 더한 것'이니까, 곱셈 5×3은 괄호 안의 덧셈 (5+5+5)와 같습니다. 5×3이 (5+5+5)가 같으므로, 괄호 안의 식부터 계산한다는 원칙에 따라 곱셈을 먼저 계산하는 거예요. 단지 곱셈을 덧셈과 뺄셈보다 먼저 계산하자고 약속했기 때문이 아니랍니다. 5×3은 (5+5+5)와 같다, 즉 곱셈은 '괄호 안의 같은 수를 더하는 덧셈'이라는 것을 꼭 기억합시다!

$$18-5 \times 3$$
$$=18 - (5+5+5)$$
$$=18-15$$
$$=3$$

마지막으로 ④를 ③과 비교해 보면, 괄호 안에 있는 식의 값부터 구하고 나서 곱셈을 해야 하므로, 괄호가 곱셈보다 우선하는 것을 확인할 수 있습니다.

이제 덧셈과 뺄셈보다 먼저 곱셈을 계산해야 하는 이유가 확실해졌죠? 단지 그렇게 약속했기 때문이 아니랍니다. 5×3은 (5+5+5)와 같다, 즉 '곱셈은 같은 수를 더하는 덧셈'이라는 곱셈의 정의 때문이에요. 다시 말하면, 곱셈은 '괄호 안의 덧셈'을 나타내기 때문입니다.

그렇다면 나눗셈은요? 나눗셈도 곱셈과 같은 자격을 갖습니다. 그 이유는 뒤에서 설명합니다.

$$10-2 \times 3$$
$$=10 - (2+2+2)$$
$$=10-6$$
$$=4$$

$$(10 - 2) \times 3$$
$$=8 \times 3$$
$$=24$$

곱셈은 '괄호 안의 덧셈'!

곱셈의 정의는 '같은 수를 거듭 더하는 덧셈'이니까,
5×3은 (5+5+5)과 같다는 뜻이고, 그래서 곱셈을 먼저
계산하는구나!

$$18-5\times3$$
$$=18-(5+5+5)$$
$$=18-15$$
$$=3$$

문제 1 다음 식의 값을 구하시오.

(1) $4+2\times8-19$

(2) $5-(7-2)\times3-9$

(3) $7+(9-2\times3)\times2+7\times2$

❷ 곱셈 구구, 머릿속에 들어 있는 계산기?

앞에서 배웠듯, 곱셈은 같은 수를 거듭해 더하는 거예요. 따라서 곱셈은 다음과 같이 덧셈을 뜻합니다.

• $3\times25=3+3+3+3+3+3+3+3+3+3+3+3+3+3+3+3+3+3+3+3+3+3+3+3+3=75$

• $21\times21=21+21+21+21+21+21+21+21+21+21+21+21+21+21+21+21+21+21+21+21+21=441$

원래 곱셈은 이렇게 거듭 더해야 답을 얻을 수 있어요. 바로 그것이 곱셈이니까요! 하지만 곱셈을 하기 위해 이처럼 지루하기 짝이 없는 덧셈을 계속 반복해야만 할까요?

번거로움을 견디지 못하는 습성을 가진 우리 인간은 결국 새로운 방법을 모색할 수밖에 없었습니다. 그 결과 번거로움을 해결하는 '도구'를 만들어 냅니다. 그 도구가 바로 '곱셈 구구'랍니다.

그러니까 곱셈구구는 일종의 '계산기'라 할 수 있어요. 이 계산기를 이용하면, 똑같은 덧셈을 지루하게 반복하지 않아도 곱셈의 답을 간편하고 쉽게 얻을 수 있죠. 그래서 우리들

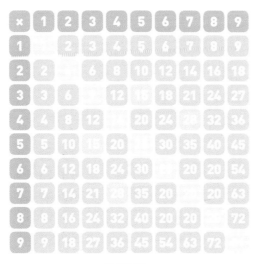

곱셈구구표

이 대각선을 중심으로 접으면 똑같은 숫자를 만나는구나!

은 곱셈구구라는 계산기를 머릿속에 넣어두게 된 거예요.

그런데 이 계산기에는 계산보다 더 중요한 기능이 숨어 있습니다. 바로 자연수의 성질을 파악할 수 있는 기능이에요. 하지만 안타깝게도 대부분이 곱셈구구의 단순한 계산기능만 활용하고 있더군요. 다행스럽게도 여러분은 이 책을 통해 곱셈구구에 숨겨진 기능을 활용할 수 있게 됩니다.

그럼 시작해 볼까요? 우선 곱셈구구표가 대각선을 기준으로 '대칭'이라는 점이 눈에 띄네요! 그 이유는 곱하는 두 수를 바꿔도(교환하여도) 계산결과가 같기 때문이에요. 예를 들어 5×3과 3×5는 곱셈 결과가 똑같이 15예요. 따라서 대각선을 기준으로 대칭인 위치에 있습니다. 7×4와 4×7도 마찬가지예요. 곱셈 결과가 똑같이 28이므로, 대각선을 기준으로 28이 대칭인 위치에 있을 수밖에 없습니다.

이처럼 두 수의 곱셈에서 두 수의 위치를 바꾸어(교환) 계산해도 값이 같은 것을, 수학에서는 "교환법칙이 성립한다"고 합니다. 곱셈에서 교환법칙이 성립한다는 사실이, 곱셈구

곱셈의 교환법칙

"두 수의 곱셈에서 두 수의 위치를 바꾸어 계산해도 값이 같다."
즉, 자연수 A와 B에 대하여 다음이 성립한다.
A × B = B × A

구표에서 대각선을 기준으로 대칭인 모양으로 드러났습니다.

곱셈의 교환법칙을 곱셈의 정의(같은 수를 거듭 더한다)를 통해 확인해 볼까요? 다음 그림을 보세요.

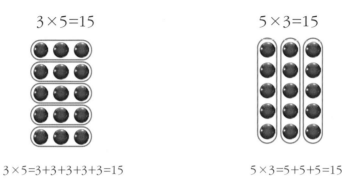

$$3 \times 5 = 15$$

$$3 \times 5 = 3+3+3+3+3 = 15$$

$$5 \times 3 = 15$$

$$5 \times 3 = 5+5+5 = 15$$

$$3 \times 5 = 15 = 5 \times 3$$

따라서 A와 B가 자연수일 때, A×B=B×A입니다.

교환법칙은 덧셈에서도 성립합니다(예 3+2=5=2+3). 하지만 뺄셈에서는 교환법칙이 성립하지 않습니다. 3−2와 2−3이 같을 수 없기 때문이죠.

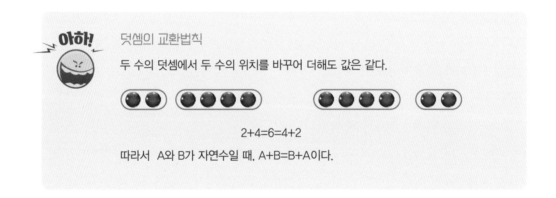

아하!

덧셈의 교환법칙

두 수의 덧셈에서 두 수의 위치를 바꾸어 더해도 값은 같다.

$$2+4=6=4+2$$

따라서 A와 B가 자연수일 때, A+B=B+A이다.

초등수학 개념의 재발견

곱셈구구에서 발견한
수학의 보물, 배수!

곱셈구구표에 대한 탐구를 계속 이어갑니다. 곱셈구구에 들어 있는 자연수의 독특한 성질. 첫 번째는 '곱셈의 교환법칙'이었습니다. 두 번째 이야기는 '배수'예요. 공배수, 최소공배수는 물론 9의 배수에도 신기한 규칙이 들어 있습니다. 재미있는 배수 이야기를 시작합니다.

배수는 곱셈에서 능장하는 용어예요. 예를 들어 $10=5 \times 2$에서 10은 5를 2배 한 수이므로 '5의 배수'라고 합니다. 곱셈의 교환법칙이 성립하므로 $10=2 \times 5$, 즉 2를 5배 한 수이기도 하므로 '2의 배수'도 됩니다.

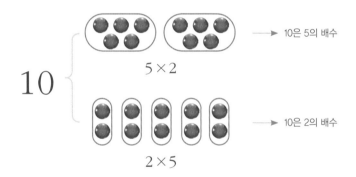

이렇듯 어떤 수의 몇 배가 되는 수를 배수라고 하는데요, 어떤 자연수에도 0을 곱하면 0이 되므로 0은 모든 자연수의 배수라고 할 수 있습니다.

$$0 = 1 \times 0 = 2 \times 0 = 3 \times 0 = \cdots$$

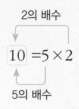

아하! 배수란?

10을 5×2라는 곱셈으로 나타낼 수 있으므로, 10은 5의 배수이고 2의 배수이다.

$$10 = 5 \times 2$$
2의 배수
5의 배수

$$0 = 1 \times 0 = 2 \times 0 = 3 \times 0 = \cdots$$

N을 아무 자연수라고 할 때, 0은 곱셈 N×0으로 나타낼 수 있으므로 0은 N의 배수, 즉 모든 자연수의 배수이다.

$$0 = N \times 0$$
자연수
0은 N의 배수

0이 모든 자연수의 배수니까, 배수라고 반드시 큰 수인 것은 아니구나!

이제부터 배수의 성질을 하나하나 확인하며, 곱셈구구표를 새롭게 만들어 볼 거예요. 마치 곱셈구구를 모르는 것처럼, 한 칸씩 같이 채워볼까요?

1 2, 3, 4, 5의 배수

① 우선 첫 번째 줄을 채울 거예요. 어떤 수에 1을 곱해도 값이 변하지 않고 그대로입니다. 그러므로 곱셈구구표의 위 첫째 줄과 왼쪽 첫째 줄은 그 수 자신을 그대로 넣으면 됩니다.

② 이제 2의 배수를 넣어 봅시다. 2를 곱한다는 것은 2를 차례로 더한 거죠? 곱셈구구표 두 번째 줄은 2를 차례로 더해 2, 4, 6, 8, 10, 12, 14, 16, 18을 넣으면 됩니다.

$2 \times 1 = 2,$

$2 \times 2 = 2 + 2 = 4,$

$2 \times 3 = 2 + 2 + 2 = 6,$

$\cdots$

$2 \times 9 = 2 + 2 + 2 + 2 + 2 + 2 + 2 + 2 + 2 = 18$

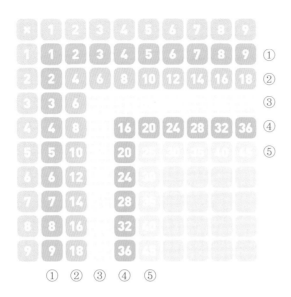

그러면 1×2, 2×2, 3×2, …, 9×2도 교환법칙에 의해 쉽게 구할 수 있겠네요. 앞에서 구한 2의 배수를 대각선을 기준으로 대칭으로 왼쪽 두 번째에 배열합니다.

③ 3의 배수도 3을 차례로 더하여 3, 6, 9, 12, 15, 18, 21, 24, 27을 얻습니다. (3×1=3, 3×2=3+3=6, 3×3=3+3+3=9, …, 3×9=3+3+3+3+3+3+3+3+3=27).

1×3, 2×3, 3×3, …, 9×3도 교환법칙을 적용해 대각선을 기준으로 대칭으로 배열합니다.

④ 같은 방법으로 4의 배수를 차례로 구합니다. 위에서 네 번째 줄과 왼쪽에서 네 번째 줄에 4, 8, 12, …, 36이 배열되었네요.

⑤ 5의 배수들은 훨씬 쉽게 구할 수 있습니다. 일의 자리가 0 또는 5밖에 없으니까요. 5, 10, 15, …, 40, 45의 배열도 역시 대각선을 기준으로 대칭입니다. 이제 곱셈구구표에서 빈칸은 16개뿐이네요.

여기서 잠깐, 곱셈구구에서 발견할 수 있는 또 다른 수학 개념인 '**공배수**'와 '**최소공배수**'에 대해 알아봅시다.

      2의 배수 : 2, 4, 6, 8, 10, 12, 14, 16, 18…
      3의 배수 : 3, 6, 9, 12, 15, 18, 21, 24, 27…

2의 배수와 3의 배수를 나열해 보았는데요, 2와 3의 공통인 배수 6, 12, 18, …을 찾을 수 있습니다. 이처럼 공통인 배수를 '공배수'라 해요. 또한 공배수 가운데 가장 작은 공배수를 '최소공배수'라고 하는데, 2와 3의 최소공배수는 6이에요.

2와 3의 공배수 : 6, 12, 18, …
2와 3의 최소공배수 : 6

여기서 기억해둘 것은, 2와 3의 공배수 6, 12, 18, 24,…는 모두 6이라는 최소공배수의 배수라는 거예요.

 아하! 두 수의 공통인 배수, 공배수

6은 2의 배수이면서 동시에 3의 배수다.
이처럼 두 수의 공통인 배수를 공배수라고 한다.

가장 작은 공배수, 최소공배수

공배수 중에서 가장 작은 공배수를 최소공배수라 한다. 공배수는 최소공배수의 배수이며, 이는 모든 자연수에 적용된다.
예 2와 3의 최소공배수는 6이므로 2와 3의 공배수는 6의 배수인 6, 12, 18, …이다.
3과 4의 최소공배수는 12이므로 3과 4의 공배수는 12의 배수인 12, 24, 36, …이다.

(문제 2) 곱셈구구표를 보고 다음 물음에 답하시오.

(1) 곱셈구구에서 2와 5의 공배수를 30까지의 수에서 모두 구하시오.

(2) 이때 최소공배수(가장 작은 공배수)는 무엇인가요?

(3) 다음 문장을 읽고 참이면 ○, 거짓이면 ×를 넣으세요.

① 2와 5의 공배수는 모두 최소공배수의 배수이다. (   )

② 2의 배수끼리 더하면 모두 2의 배수이다. (   )

③ 4의 배수끼리 더하면 모두 4의 배수이다. (   )

② 9의 배수

9를 차례로 더하면 9의 배수들을 찾을 수 있어요.

09, 18, 27, 36, 45, 54, 63, 72, 81, 90

이러한 9의 배수에는 독특한 규칙이 들어 있답니다. 놀랍게도 십의 자리와 일의 자리의 합이 모두 9네요!

$$\underset{9}{0+9} = \underset{9}{1+8} = \underset{9}{2+7} = \underset{9}{3+6} = \underset{9}{4+5} = \underset{9}{5+4} = \underset{9}{6+3} = \underset{9}{7+2} = \underset{9}{8+1} = \underset{9}{9+0}$$

$$9 \times 1 = 09$$
$$9 \times 2 = 18$$
$$9 \times 3 = 27$$
$$9 \times 4 = 36$$
$$9 \times 5 = 45$$
$$9 \times 6 = 54$$
$$9 \times 7 = 63$$
$$9 \times 8 = 72$$
$$9 \times 9 = 81$$
$$9 \times 10 = 90$$

뿐만 아니라 십의 자리의 숫자에서도 또 다른 규칙을 발견할 수 있어요. 1을 곱할 때는 십의 자리가 0, 2를 곱할 때는 1, 3을 곱할 때는 2, ⋯, 9를 곱할 때는 8이 됩니다. 즉, 십의 자리 숫자는 곱하는 수보다 1 작은 수예요!

이 규칙을 알면 암기하지 않아도 9의 배수들을 쉽게 알 수 있어요. 예를 들어 9×7의 경우 십의 자리 숫자는 7보다 1 작은 수 6이고, 일의 자리 숫자는 십의 자리 숫자 6과 합하여 9가 되는 수이므로 3이 되겠죠. 따라서 $9 \times 7 = 63$입니다.

$$9 \times 7 = \underset{7-1}{6}\ \underset{6+\square=9}{3}$$

이제 채워야 할 빈칸은 아홉 개만 남았네요.

③ 제곱수 6×6, 7×7, 8×8

남은 아홉 개의 빈칸에서 대각선으로 있는 세 개의 곱셈 6×6, 7×7, 8×8을 직접 구해 봅시다.

[6×6] : $6 \times 5 = 5 \times 6 = 30$이므로 $6 \times 6 = 30 + 6 = 36$

이미 우리는 앞에서 $6 \times 5 = 30$을 구했습니다. 따라서 6×6은 6×5에 6을 한 번만 더하면 됩니다. 곱셈은 같은 수를 거듭 더하는 것이니까요. 이처럼 구구단을 암기하지 않아도,

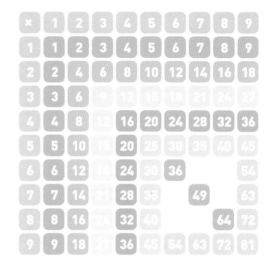

앞에서 구한 값을 이용해 7×7과 7×8의 값을 구할 수 있습니다.

[7×7] : 7×5 = 5×7 = 35이므로 7×6 = 35+7 = 42, 7×7 = 42+7 = 49

[8×8] : 8×5 = 5×8 = 40이므로 8을 세 번 더하여 구합니다. 8×8 = 40+8+8+8 = 64

8×8은 다음과 같이 구할 수도 있습니다. 8×9 = 9×8 = 72이므로 8×8=72-8=64

여기서도 재미있는 수학 개념이 나옵니다. 6×6, 7×7, 8×8과 같이 같은 수를 2번 곱한 수를 '**제곱수**'라 하는데요, 중학교 때 배우는 흥미로운 수입니다. 제곱수에 관해서는 뒤에서 다시 살펴보기로 합니다.

🔷 나머지 3개의 곱셈 6×7, 6×8, 7×8

이제 곱셈구구표의 빈칸은 6개뿐이에요. 6×7, 6×8, 7×8도 이미 앞에서 구한 곱셈식에 차례로 더하는 방식으로 구할 수 있습니다.

6×7=6×6+6=36+6=42

6×8=6×7+6=42+6=48

$7 \times 8 = 7 \times 7 + 7 = 56$

그리고 나머지 7×6, 8×6, 8×7의 곱셈도 교환법칙을 적용하면 다음 결과를 얻을 수 있습니다.

$7 \times 6 = 42$, $8 \times 6 = 48$, $8 \times 7 = 56$

곱셈구구 암기보다 중요한 것

곱셈구구의 암기는 오래전부터 우리나라 초등학교 수학의 필수 과제로 자리잡았다. 곱셈구구를 암기하면 곱셈을 빨리 정확하게 실행할 수 있지만, 오직 암기에만 초점을 둔다면 계산이라는 단순 기능의 습득을 위해 학습자의 시간과 노력을 강요하는 것에 불과하다. 이는 사고 과정이 핵심인 수학학습의 본질과도 거리가 멀고, 더 나아가 수학학습은 암기라는 잘못된 관점을 형성하여 오히려 학습자의 흥미를 떨어뜨리는 위험을 초래할 수 있다.

여기에서 제시한 곱셈구구표 완성의 주요 활동은 자연수 곱셈의 원리인 동수누가를 적용하면서 81개의 빈칸을 채우는 것이다. 이 과정에서 배수와 제곱수 등과 같은 자연수의 성질까지 탐구할 수 있으며, 결과적으로 곱셈구구를 자연스럽게 익힐 수 있다. 단순 암기만 강요하는 것은 자연수 성질에 대한 학습 기회를 앗아간다는 점에서 주의할 필요가 있다. 앞에서 설명한 자연수의 성질을 충분히 숙지한 후에 '구구단 암송'과 같은 단순 암기를 지도하는 것이 더 효과적이다.

ⓜ 중학수학 잇기

제곱수의 성질과 배수 판별

빠른 곱셈을 위해 익혔던 곱셈구구에서 뜻밖에도 숨어 있는 자연수의 성질과 패턴을 발견할 수 있었죠. 이번에는 제곱수의 재미있는 성질을 살펴보고, 숫자만 보고 어떤 수의 배수인지를 간단하게 판별하는 방법에 대해 알아봅니다.

① 제곱수

곱셈구구표에서 만났던 6×6, 7×7, 8×8과 같이, 같은 수를 2번 곱한 수를 '제곱수'라 하고 이를 각각 6^2, 7^2, 8^2으로 나타냅니다.

자연수 1부터 9까지의 제곱수는 다음과 같습니다.

$$1^2=1, \ 2^2=4, \ 3^2=9, \ 4^2=16, \ 5^2=25, \ 6^2=36, \ 7^2=49, \ 8^2=64, \ 9^2=81$$

$1^2=$	1		●
$2^2=$	1+3	=4	
$3^2=$	1+3+5	=9	
$4^2=$	1+3+5+7	=16	
$5^2=$			

이들 제곱수에는 어떤 규칙이 있을까요? 왼쪽 그림과 표를 보면서 스스로 규칙을 찾아보고, 5^2의 빈칸도 채워보세요.

빈칸을 채웠다면, 제곱수의 규칙을 함께 알아봅시다.

3^2은 1부터 차례로 홀수 3개를 더한 1+3+5=9이고, 4^2은 1부터 차례로 홀수 4개를 더한 1+3+5+7=16이에요.

그리고 3^2은 가로와 세로가 각각 3인 정사각형을 만들고, 4^2은 가로와 세로가 각각 4인 정사각형을 만듭니다. 재밌는 규칙이 들어 있었네요!

이 규칙에 따르면 5의 제곱, 즉 5^2은 1부터 차례로 홀수 5개를 더한 1+3+5+7+9=25이며, 한 변이 5인 정사각형을 만듭니다.

$5^2=1+3+5+7+9=25$

 제곱수는 홀수 N개의 합

어떤 자연수 N의 제곱수 N^2은 1부터의 홀수 N개의 합이다.

$2^2=1+3=4$ (1부터 홀수 2개의 합)

$3^2=1+3+5=9$ (1부터 홀수 3개의 합)

$4^2=1+3+5+7=16$ (1부터 홀수 4개의 합)

$N^2=1$부터 홀수 N개의 합

(문제 3) 6의 제곱수인 6^2을 홀수의 합으로 나타내고 값을 구하시오.

─── +더 알아보기+ ───

중학교에서는 제곱수를?

중학교에서 제곱수는 '지수'를 사용하여 나타냅니다. 지수의 한자 지(指)는 손가락으로 가리키는 것을 뜻해요. 따라서 지수는 거듭하여 몇 번을 곱했는지를 알려주는 수입니다.

예를 들어 6×6, 7×7, 8×8은 각각 6^2, 7^2, 8^2으로 표기하는데, 이때 2가 '지수'이며 두 번 곱했다는 것을 나타냅니다. 세 번 곱할 때는 지수가 3이 됩니다. 예를 들어 7을 3번 곱한 수는 $7×7×7=7^3$과 같이 표기합니다.

$$7^2=7×7 \qquad 7^3=7×7×7 \qquad 7^4=7×7×7×7$$

2 삼각수

자연수 1, 3, 6, 10, 15, 21…을 '삼각수'라고 합니다. 각각의 수를 그림과 같이 배열하면 정삼각형 모양이 되기 때문이에요.

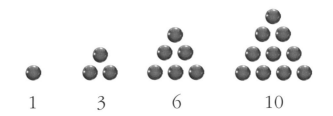

삼각수에도 규칙이 있답니다. 이번에도 먼저 스스로 찾아보세요! 힌트는 위의 그림에 있습니다.

두 번째 정삼각형은 첫 번째의 밑변에 2를 더하고, 세 번째는 두 번째의 밑변에 3을 더하고, 네 번째는 세 번째에 4를 더하면 됩니다. 이를 차례로 나열하면 다음과 같은 규칙을 발견할 수 있습니다.

첫 번째 삼각수 : 1
두 번째 삼각수 : 1 + 2 = 3
세 번째 삼각수 : 1 + 2 + 3 = 6
네 번째 삼각수 : 1 + 2 + 3 + 4 = 10

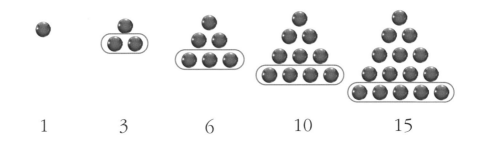

그렇다면 다섯 번째 삼각수도 금세 구할 수 있겠죠? 다섯 번째 삼각수는 1부터 5까지 자연수의 합이므로 1 + 2 + 3 + 4 + 5 = 15입니다.

문제 4 일곱 번째 삼각수를 구하시오.

그런데 삼각수는 제곱수와도 밀접한 관련이 있답니다. 먼저 이웃하는 정삼각형 모양의
두 삼각수를 결합하여 다음과 같이 정사각형 모양으로 재배열해 봅니다.

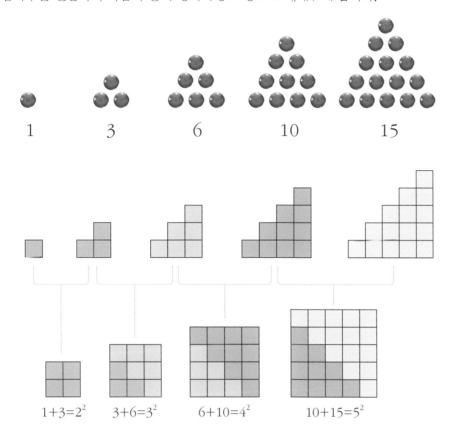

연속된 두 삼각수를
더하면 제곱수가
되는구나!

$$1+3=2^2 \quad 3+6=3^2 \quad 6+10=4^2 \quad 10+15=5^2$$

이때 연속된 두 삼각수의 합은 제곱수가 됩니다. 이를 다음과 같이 식으로 나타낼 수 있
습니다.

첫 번째와 두 번째 삼각수의 합 : $1+3=2^2=4$

두 번째와 세 번째 삼각수의 합 : $3+6=3^2=9$

세 번째와 네 번째 삼각수의 합 : $6+10=4^2=16$

네 번째와 다섯 번째 삼각수의 합 : $10+15=5^2=25$

(문제 5) 여섯 번째와 일곱 번째 삼각수를 더한 제곱수를 구하시오.

③ 2의 배수와 5의 배수 판별법

아무리 큰 수라도 일일이 계산하지 않고도 어떤 수의 배수인지 쉽게 판별하는 방법이 있어요.

---

(1) 일의 자리가 0, 2, 4, 6, 8인 수는 2의 배수다.

(2) 일의 자리가 0 또는 5인 수는 5의 배수다.

오직 일의 자리 수만으로 2의 배수 또는 5의 배수를 판별할 수 있는데, 그 이유는 무엇일까요? 두 자리 수 38을 예로 살펴봅시다. 38은 다음과 같이 십의 자리 수와 일의 자리 수의 덧셈식으로 나타낼 수 있습니다.

$$38 = \underset{2 \times 15}{30} + \underset{2 \times 4}{8}$$

30은 2의 배수이고, 8도 2의 배수예요. 따라서 2의 배수끼리 더한 38도 2의 배수입니다. 그런데 모든 십의 자리 수는 2의 배수이므로, 일의 자리 수가 2의 배수이면 2의 배수랍니다. 즉 일의 자리 수가 0, 2, 4, 6, 8인 수는 모두 2의 배수입니다. 그러나 38은 5의 배수가 아니에요. 그 이유도 역시 십의 자리 수와 일의 자리 수의 덧셈식에서 알 수 있습니다.

$$38 = \underset{5 \times 6}{30} + \underset{8}{8}$$

30은 5의 배수지만, 8은 5의 배수가 아니에요. 모든 십의 자리 수는 모두 5의 배수이므로, 일의 자리 수가 5의 배수이면 당연히 5의 배수가 되겠죠. 반면에 35는 십의 자리 수와 일의 자리 수가 모두 5의 배수이므로 5의 배수입니다.

$$35 = \underset{5 \times 6}{30} + \underset{5 \times 1}{5}$$

이처럼 일의 자리가 0 또는 5인 수는 5의 배수입니다. 더 큰 수를 예로 들어 볼까요?

예 ① 98 : 일의 자리 수가 8이므로 98은 2의 배수이지만 5의 배수는 아니다.

② 210 : 일의 자리 수가 0이므로 210은 2의 배수이고 동시에 5의 배수다.

(문제 6) 2의 배수 또는 5의 배수를 찾으시오.

(1) 111111

(2) 2057892

(3) 198725

(4) 1234567890

4 3의 배수와 9의 배수 판별법

2의 배수와 5의 배수는 '일의 자리 수'만으로 판별할 수 있었습니다. 그런데 3의 배수와 9의 배수는 '각 자리 수의 합'에 따라 결정됩니다.

(3) 각 자리 수의 합이 3의 배수인 수는 3의 배수다.

(4) 각 자리 수의 합이 9의 배수인 수는 9의 배수다.

왜 그런지 279를 예로 들어 살펴봅시다. 279는 다음과 같은 식으로 나타낼 수 있습니다.

$$279 = 2 \times \underline{\quad 100 \quad} + 7 \times \underline{\quad 10 \quad} + 9$$
$$= 2 \times (100-1) + 2 + 7 \times (10-1) + 7 + 9$$
$$= 2 \times 99 + 7 \times 9 + (2+7+9)$$

2×100을 2×(100−1)+2로 나타낸 이유는?
2×100은 2를 100번 더한 식이다.
그런데 2×(100−1)은 2×99, 즉 2를 99번 더한 식이므로 2를 한 번 더 더해야 같다.

7×10을 7×(10−1)+7로 나타낸 이유는?
7×10은 7을 10번 더한 식이다.
그런데 7×(10−1)은 7×9, 즉 7을 9번 더한 식이므로 7을 한 번 더 더해야 같다.

2×99와 7×9는 9의 배수입니다. 그리고 2+7+9=18도 9의 배수입니다. 따라서 9의 배수들끼리의 합인 279는 당연히 9의 배수예요. 물론 똑같은 이유로 279는 3의 배수도 됩니다. 또 다른 예를 들어봅시다.

예 ① 498 : 각 자리 수의 합이 4+9+8=21이므로, 498은 3의 배수이지만 9의 배수는 아니다.

② 27,405 : 각 자리 수의 합이 2+7+4+0+5=18이므로, 27,405는 3의배수이며 동시에 9의 배수다.

문제 7) 3의 배수 또는 9의 배수를 찾으시오.

(1) 10020006

(2) 111111

(3) 198725

(4) 123456789

배수판별법

(1) 일의 자리가 0, 2, 4, 6, 8인 수는 2의 배수다.

(2) 일의 자리가 0 또는 5인 수는 5의 배수다.

(3) 각 자리 수의 합이 3의 배수인 수는 3의 배수다.

(4) 각 자리 수의 합이 9의 배수인 수는 9의 배수다.

수를 문자로 나타내기

중학교에서는 알파벳 문자를 사용하여 수를 나타냅니다. 특히 자연수는 n 또는 N으로 표기하는 경우가 많지요.(대부분 소문자로 표기하지만 여기서는 문자를 처음 사용하므로 구별하기 쉽도록 편의상 대문자를 사용합니다.) 예를 들어 N번째 짝수는 2N으로 나타내요. 2N은 곱셈식 2×N에서 곱하기 기호를 생략한 표기예요. 이처럼 문자 표기에서는 곱하기 기호를 생략할 수 있답니다.

짝수 2N에서 대문자 N에 자연수를 하나씩 넣어 다음과 같이 짝수를 나열할 수 있습니다.

N	1	2	3	4	...
2N (짝수)	2 (=2×1)	4 (=2×2)	6 (=2×3)	8 (=2×4)	...

이와 같이 문자에 숫자를 넣는 것을 '대입한다'고 해요. N번째 홀수는 2N−1, 제곱수는 N^2으로 나타낼 수 있습니다.

N	1	2	3	4	...
2N−1 (홀수)	1 (=2×1−1)	3 (=2×2−1)	5 (=2×3−1)	7 (=2×4−1)	...
N^2 (제곱수)	1 (=1×1)	4 (=2×2)	9 (=3×3)	16 (=4×4)	...

이처럼 문자를 사용하면 많은 수를 간단하게 나타낼 수 있으므로 매우 경제적이에요.

문자를 사용하여 수를 나타내기 시작한 것은 지금으로부터 400년 전인 17세기 무렵이었어요. 이때부터 수학은 획기적으로 발전하였는데, 여러분도 이제 문자를 사용하게 되면 수학의 세계에 본격적으로 발을 내딛는 것이라 할 수 있어요.

"자연수 N에 대하여, 2의 배수는 2N, 5의 배수는 5N 그리고 4의 배수는 4N으로 나타낸다."

이 문장은 전형적인 수학적 문장이에요. 앞에서 설명했듯 2N, 5N, 4N은 각각 곱셈식 2×N, 5×N, 4×N에서 곱하기 기호를 생략하여 나타낸 식이에요. 예를 들어 자연수 40은 2×20(N=20)이므로 2의 배수이고, 5×8(N=8)이므로 5의 배수, 4×10(N=10)이므로 4의 배수예요. 이때 N은 각각 자연수 20, 4, 5가 됩니다.

곱셈에서 완전제곱식으로!

중학교 수학에서는 숫자 대신 문자를 사용하는 경우가 많아요.

예를 들어 35=3×10+5를 알파벳 a와 b를 사용하여 10a+b와 같은 식으로 나타냅니다.(이때 a=3이고 b=5이고, 기호 ×가 생략되었어요.) 이처럼 문자를 사용하면 모든 두 자리 자연수를 간단히 하나의 식으로 나타낼 수 있어요. 그리고 자연수의 사칙연산과 같이, 문자로 표기된 식에서도 사칙연산을 할 수 있습니다. 이제 문자로 표기된 식의 곱셈을 살펴볼 거예요. 물론 우리가 이미 알고 있는 자연수의 곱셈으로부터 출발합니다!

한 자리 수의 곱셈은 곱셈구구로 구할 수 있어요. 그런데 두 자리 수 이상의 곱셈은 '분배법칙'을 적용해야만 답을 구할 수 있습니다. 분배법칙이란 무엇일까요?

1 (두 자리 수)×(한 자리 수)에서의 분배법칙

예를 들어 곱셈 23×4는 다음과 같이 계산합니다.

$$
\begin{array}{r}
2\ 3 \\
\times\quad 4 \\
\hline
1\ 2 \\
8\ 0 \\
\hline
9\ 2
\end{array}
$$

- ⟶ (1) 23=20+3   두 자리 수 23을 십과 일의 자리로 구분
- ⟶ (2) 3×4=12   23의 일의 자리 3에 4를 곱하기
- ⟶ (3) 20×4=80   23의 십의 자리 20에 4를 곱하기

이 세로셈을 다음과 같이 가로셈의 식으로 나타낼 수 있습니다.

$$
\begin{aligned}
23 \times 4 &= (20+3) \times 4 \\
&= 20 \times 4 + 3 \times 4 \\
&= 80 + 12 \\
&= 92
\end{aligned}
$$

$$
\overbrace{(20+3)}^{20 \times 4} \times 4
$$
$$
\underbrace{}_{3 \times 4}
$$

위의 식에서 두 번째 줄에 주목하세요. 곱하는 수 4를 (20+3)의 괄호 안으로 각각 '분배'하여 20×4+3×4를 얻었어요. 이를 곱셈에 대한 **'분배법칙'**이라고 합니다. 물론 4×(23=×(20+3)=4×20+4×3이 성립하는 것도 '분배법칙'이 적용되었기 때문입니다.

곱하는 4를 괄호 안으로 각각 분배!

분배법칙을 더 쉽게 이해하기 위해서, 아래 직사각형의 넓이를 구해봅시다.

전체 직사각형의 가로 길이는 A, 세로 길이는 B+C예요. 따라서 전체 직사각형의 넓이는 다음과 같습니다.

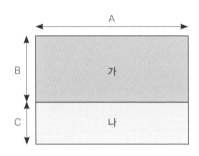

① (전체 직사각형의 넓이) = (가로)×(세로) =A×(B+C)

그런데 전체 직사각형의 넓이는, 직사각형 A와 직사각형 B를 더한 넓이와 같아요. 따라서 다음과 같이 전체 직사각형 넓이를 구할 수도 있어요.

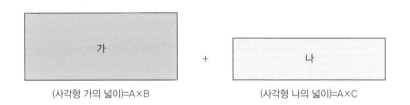

(사각형 가의 넓이)=A×B   (사각형 나의 넓이)=A×C

② (전체 직사각형의 넓이) = (사각형 가의 넓이)+(사각형 나의 넓이) = A×B + A×C

그러므로 ①과 ②는 같습니다.

A×(B+C) = (전체 직사각형의 넓이)
          = (사각형 가의 넓이) + (사각형 나의 넓이)= A×B + A×C

A×(B+C) = A×B + A×C

이제 분배법칙에 대해 확실히 이해했죠? 곱셈 A×(B+C)에서 'A×'가 B와 C에 각각 분배되어 있는 것입니다. 세 자리 수와 한 자리 수의 곱셈에 적용되는 분배법칙도 다음에서 확인해 봅시다.

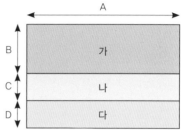

$$135 \times 4 = (100+30+5) \times 4$$
$$= 100 \times 4 + 30 \times 4 + 5 \times 4$$
$$= 400 + 120 + 20$$

$$A \times (B+C+D) = A \times B + A \times C + A \times D$$

분배법칙이 눈에 보인다!

직사각형 넓이 구하기로 곱셈의 분배법칙을 쉽게 이해할 수 있다.

A×(B+C) = (전체 직사각형의 넓이)

= (사각형 가의 넓이) + (사각형 나의 넓이)

= A×B + A×C

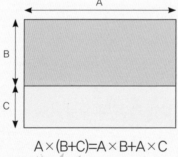

$$A \times (B+C) = A \times B + A \times C$$

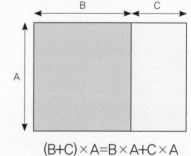

$$(B+C) \times A = B \times A + C \times A$$

곱셈 A×(B+C)에서는 'A×'가 B와 C에 각각 분배되어 있고, 곱셈 (B+C)×A에서는 '×A'가 B와 C에 각각 분배되어 있다. 26과 7의 곱셈으로 예를 들면 다음과 같다.

$$7 \times 26 = 7 \times (20+6) = 7 \times 20 + 7 \times 6 = 140 + 42 = 182$$
$$26 \times 7 = (20+6) \times 7 = 20 \times 7 + 6 \times 7 = 140 + 42 = 182$$

❷ 두 번의 분배법칙이 적용되는 (두 자리 수)×(두 자리 수)

두 자리 수끼리의 곱셈은 다음과 같이 두 단계의 절차를 따라야 해요. 즉, 두 자리 수끼리
의 곱셈에는 분배법칙이 두 번 적용됩니다.

$$
\begin{aligned}
35 \times 45 &= 35 \times (40+5) &&\longrightarrow \text{45를 40과 5로 분리}\\
&= 35 \times 40 + 35 \times 5 &&\longrightarrow \text{'35×'를 각각 40과 5에 분배}\\
&= (30+5) \times 40 + (30+5) \times 5 &&\longrightarrow \text{35를 30과 5로 분리}\\
&= 30 \times 40 + 5 \times 40 + 30 \times 5 + 5 \times 5 &&\longrightarrow \text{30과 5에 각각 '×40'과 '×5'의 분배}\\
&= 1200 + 200 + 150 + 25 = 1575
\end{aligned}
$$

세로셈에서 다시 한 번 확인해 보세요. 오른쪽은 왼쪽 계산 과정을 한 단계 줄여 압축한
계산 과정이에요.

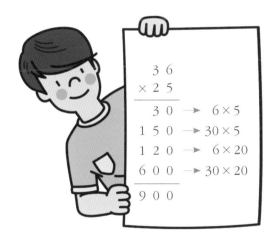

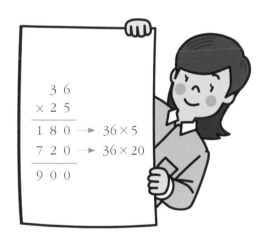

아하! 분배법칙으로 다시 보는 직사각형 넓이!

(전체 직사각형의 넓이)=(가로)×(세로)=(A+B)×(C+D)

(사각형 가의 넓이)=A×C

(사각형 나의 넓이)=B×C

(사각형 다의 넓이)=A×D

(사각형 라의 넓이)=B×D

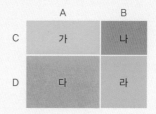

그러므로 다음이 성립한다.

(A+B)×(C+D)=(전체 직사각형의 넓이)

=(사각형 가의 넓이)+(사각형 나의 넓이)+(사각형 다의 넓이)

+(사각형 라의 넓이)

=A×C + B×C + A×D + B×D

③ 완전제곱식

분배법칙을 직사각형의 넓이 구하기로 살펴보았습니다.

이제 가로와 세로의 길이가 같은 정사각형을 생각해 봅시다. 정사각형의 넓이는 어떤 수의 제곱으로 구할 수 있습니다. 예를 들어 35^2, 즉 35×35는 한 변의 길이가 35인 정사각형의 넓이를 나타내지요.

다음은 제곱수 35^2을 구하는 식입니다.

$35^2 = 35 \times 35 = (30+5) \times (30+5)$

$= 30 \times 30 + 30 \times 5 + 5 \times 30 + 5 \times 5$

$= 900 + 150 + 150 + 25$

$= 1225$

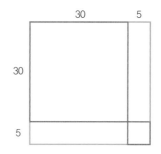

위의 식 두 번째 줄에 주목해 주세요. 네 개의 항이 있는데요, $30 \times 30 = 30^2$과 $5 \times 5 = 5^2$은 제곱수예요. 그리고 30×5와 5×30은 서로 같은 값(=150)이므로, 하나의 곱셈식 2×

(30×5)로 나타낼 수 있습니다.

$$35^2 = (30+5)^2 = 30^2 + 2 \times (30 \times 5) + 5^2$$

이 식에서 영어의 알파벳 문제를 사용하여 30=A, 5=B라 하면, 다음이 성립합니다.

(전체 정사각형의 넓이)=$(A+B)^2$=$(A+B) \times (A+B)$

(사각형 가의 넓이)=$A \times A = A^2$
(사각형 나의 넓이)=$B \times A = A \times B$
(사각형 다의 넓이)=$A \times B$
(사각형 라의 넓이)=$B \times B = B^2$

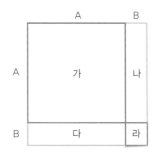

그러므로 다음이 성립합니다.

$(A+B)^2$ = (전체 정사각형의 넓이)
= (사각형 가의 넓이)+(사각형 나의 넓이)+(사각형 다의 넓이)+(사각형 라의 넓이)
= $A \times A + B \times A + A \times B + B \times B$
= $A^2 + 2 \times A \times B + B^2$ (곱셈의 교환법칙에 의해 $A \times B = B \times A$이므로)

이때 $(A+B)^2$을 **완전제곱식**, $A^2 + 2 \times A \times B + B^2$을 **완전제곱식의 전개식**이라고 합니다.
두 자리 수의 제곱을 직접 계산할 수도 있지만, 완전제곱식을 이용하여 계산할 수도 있습니다. 다음 예를 보세요.

예 $47^2 = (40+7)^2 = 40^2 + 2 \times 40 \times 7 + 7^2$
$= 1600 + 560 + 49 = 2209$

문제 8 다음 제곱수를 완전제곱식의 전개식으로 바꾸어 값을 구하시오.

(1) 15^2　　　　　　(2) 24^2　　　　　　(3) 52^2

문제 9 일의 자리가 5인 두 자리 수를 제곱하면, 항상 십과 일의 자리 수가 25이다. 25의 앞 자리 수도 다음과 같이 일정한 규칙이 있다. 나머지 제곱수들의 값을 구하고, 완전제곱식으로 나타내어 일정한 규칙을 찾으시오.

$1\,5^2 = 225$
$1 \times (1+1) = 1 \times 2 = 2$

$2\,5^2 = 625$
$2 \times (2+1) = 2 \times 3 = 6$

$3\,5^2 = 1225$
$3 \times (3+1) = 3 \times 4 = 12$

$15^2 = 225$
$25^2 = 625$
$35^2 = (\quad)$
$45^2 = (\quad)$
$55^2 = (\quad)$
$65^2 = (\quad)$
$75^2 = (\quad)$
$85^2 = (\quad)$
$95^2 = (\quad)$

선생님만 보세요!

곱셈까지 함께 분배된다!

연산을 처음 접할 때는 계산의 답을 구하는 기능 숙달에 초점을 두는 것은 당연하다. 그러나 계산 기능이라는 산수 학습에만 머무를 수는 없다. 계산 과정에 담겨 있는 수학적 원리를 발견하는 수학학습으로 이어져야 하기 때문이다. 이를 위해서는 어떻게 계산하였는지 그 과정을 소급하여 생각해보도록 하는 소위 '반성적 사고(retrospective thinking)'가 요구된다.

두 자리 수 이상의 곱셈에 들어 있는 수학적 원리는 세 가지 연산 법칙인데, 그중 하나인 '덧셈과 곱셈에 대한 교환법칙'은 앞에서 언급한 바 있다. 그리고 '곱셈의 분배법칙'은 다음을 말한다.

$A \times (B+C) = A \times B + A \times C$
$(B+C) \times A = B \times A + C \times A$

이때 단순히 자연수 A가 분배되는 것이 아니라 'A를 동반한 곱셈까지 함께 분배된다'는 점에 주목할 필요가 있다. 왜냐하면 덧셈의 분배법칙, 즉 다음과 같은 등식은 성립하지 않기 때문이다.

A+(B×C) ≠ (A+B)×(A+C)

(B×C)+A ≠ (B+A)×(C+A)

초등학교에서는 굳이 분배법칙이라는 용어까지 도입할 필요는 없지만 그 개념에 대해 최소한 직관적으로라도 파악할 필요가 있다. 연산에서의 분배법칙을 직사각형의 넓이 구하기를 통해 눈으로 확인하도록 한 의도가 그것이다.

초등학교에서 계산 기능의 습득에만 그치는 것이 아니라 연산 법칙까지 파악하는 경험이 중요한 것은 그것이 곧 중·고등학교의 수학과 직결되기 때문이다. 중등에서의 대수학 분야인 소위 〈다항식의 곱셈〉에서의 핵심도 결국 곱셈에 대한 분배법칙의 적용이라는 사실을 다음에서 확인할 수 있다.

① (단항식)×(다항식) : 분배법칙을 이용하여 전개한다.

  a(b+c)=ab+ac

  (a+b)c=ac+bc

② (다항식)×(다항식) : 분배법칙을 이용하여 전개한다.

$$(a+b)(c+d)=ac+ad+bc+bd$$

여기서는 이러한 분배법칙을 적용하여 완전제곱식의 전개식까지만 소개하였다.

중학수학으로 이어지는

자연수의 나눗셈 개념

≳ 자연수 나눗셈에서 소인수분해가 보인다! ≲

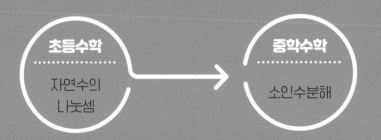

초등수학

자연수의
나눗셈

중학수학

소인수분해

01 초등수학 개념의 재발견

곱셈 하나에 서로 다른 나눗셈 둘!

나눗셈이 적용되는 두 가지 상황에서 나눗셈의
새로운 개념을 확인합니다. 나눗셈을 할 줄 아는 것보다
나눗셈에 들어 있는 원리를 아는 것이 더 중요해요.

배수와 약수에서 인수와 소인수까지

중학수학 잇기

자연수의 곱셈에서 배수와 인수, 그리고 나눗셈에서 약수를 알아봅니다.
소수의 뜻을 확인하고 소수인 인수,
즉 소인수들의 곱으로 주어진 자연수를 분해합니다.

02

03 중학수학 잇기

최대공약수와 최소공배수는 어디에 쓰일까?

최대공약수는 있는데 최소공약수라는 용어는 쓰지 않아요.
또한 최소공배수는 있는데, 최대공배수라는 용어는 없어요. 왜 그럴까요?

곱셈 하나에 서로 다른 나눗셈 둘!

덧셈과 뺄셈의 개념이 새로운 수 '정수'로 확장되었듯, 곱셈과 나눗셈의 개념도 정수로 확장됩니다. 중학교 수학에서는 약수, 인수, 배수, 소인수에 대해 자세히 다루는데요, 그 기본은 역시 초등학교에서 배웠던 나눗셈이에요. 그러니까 단순히 나눗셈을 할 줄 아는 것보다, 나눗셈에 어떠한 원리가 들어 있는지 이해하는 것이 더 중요해요. 여기서는 초등학교에서 배운 나눗셈에 숨겨진 원리를 자세히 살펴보려합니다.

덧셈과 뺄셈은 수 세기에서 비롯되었고, 곱셈은 덧셈에서 비롯되었죠.

그렇다면 나눗셈의 출발점은 뺄셈일까요?

아니에요! 나눗셈은 곱셈에서 비롯되었답니다.

예를 들어 나눗셈 $12 \div 2 = \square$의 답을 어떻게 구했는지 곰곰이 생각해보세요.

틀림없이 나눗셈이 아닌 곱셈 $2 \times \square = 12$을 떠올렸을 거예요. '2에 얼마를 곱하면 12가 될까'를 스스로 묻고 나서 6이라는 답을 얻으니까요.

더 복잡한 나눗셈도 출발점은 곱셈이에요. 예를 들어 나눗셈 $945 \div 27 = \square$도 사실은 나눗셈이 아닌 곱셈으로 답을 구해요. 그 과정을 되새겨 봅시다.

$$\begin{array}{r} 3\,5 \\ 27\,)\overline{9\,4\,5} \\ 8\,1 \\ \hline 1\,3\,5 \\ 1\,3\,5 \\ \hline 0 \end{array}$$

왼쪽의 세로셈을 계산할 때 가장 먼저 나눗셈 $94 \div 27$(실제는 $940 \div 27$)을 실행합니다. 이 경우도 나눗셈이 아닌 곱셈 $27 \times 1 = 27$, $27 \times 2 = 54$, $27 \times 3 = 81$을 차례로 하여 94를 넘지 않는 마지막 곱셈식 $27 \times \boxed{3}$을 얻어요.

이어서 다음 나눗셈 $135 \div 27 = \square$를 실행합니다. 이 나눗셈 역시 실제로는 곱셈 $27 \times \square = 135$로부터 $\square = 5$를 구해요.

결국 나눗셈 $945 \div 27 = 35$는 나눗셈이 아니라 곱셈으로 풀었네요! 이제 이를 염두에 두고 나눗셈이 적용되는 두 가지 상황을 차례로 살펴봅시다.

① 2인용 리프트 타기

2인용 리프트 5대에 승객이 모두 났다면, 리프트에 탄 전체 승객은 몇 명일까요?

$$2 \quad \times \quad 5 \quad = \quad \boxed{10}$$

리프트 한 대에   리프트 수   승객 전체 수
탄 승객 수

이 곱셈으로부터 다음 두 개의 나눗셈을 얻을 수 있습니다.

$$10 \div 5 = 2$$
$$10 \div 2 = 5$$

그런데 이 두 나눗셈의 의미는 전혀 다릅니다! 과연 차이점이 뭘까요?

1)   10   ÷   5   =   2

    전체   리프트   리프트 한 대에 탄
승객 수(명)   대수(대)   승객 수(명)

이 나눗셈은 10명이 5대의 리프트에 똑같이 나누어 탈 때, 리프트 한 대에 2명의 승객이 탄다는 것을 알려줍니다. 이를 '단위'와 함께 '2(명/대)'라고 나타낼 수 있어요.

1대에 2명

리프트 한 대에 2명 → 2(명/대)

2)   10   ÷   2   =   5

    전체   리프트 한 대에   리프트
승객 수(명)   탄 승객 수(명)   대수(대)

이 나눗셈은 10명의 승객이 타려면 2인용 리프트 5대가 필요하다는 것을 알려줍니다. 그런데 풀이 과정이 앞의 (1)과는 전혀 다르다는 점에 주의해야 해요. 2인용 리프트이므로 우선 2명씩 한 조로 묶어야 하니까요. 즉, 앞의 (1)은 10명을 5대의 리프트에 똑같이 나누지만, (2)는 10명을 2명씩 한 조로 묶어 모두 5(조)의 묶음을 만듭니다.

묶음 수 5 = 리프트 개수 5

각 묶음에 리프트가 한 대씩 필요하므로, 정답은 5대의 리프트예요. 이를 '단위'와 함께
나타내면 '5(대)'입니다.

즉, (1)은 10명을 5대에 '똑같이 나누는' 상황이었어요. 그에 반해 (2)는 2명씩 '묶는' 상황
이에요. 이처럼 두 나눗셈의 의미는 서로 다릅니다.

 두 나눗셈의 '단위'에 주의하자!

①   10   ÷   5   =   2

전체 승객 수(명) ÷ 리프트 대수(대) = 리프트 한 대에 탄 승객 수(명/대)

나뉘는수(명) ÷ 나누는수(대) = 값(명/대)

피제수와 제수의 단위가 다르다 : 똑같이 나누어주는 분배 상황

(승객을 5대의 리프트에 똑같이 나눠 타면 한 대에 몇 명이 탈까?)

②   10   ÷   2   =   5

전체 승객 수(명) ÷ 리프트 한 대에 탄 승객 수(명) = 리프트 대수(대)

나뉘는수(명) ÷ 나누는수(명) = 값(대)

피제수와 제수의 단위가 같다 : 똑같이 묶는 상황

(승객이 2명씩 똑같이 타면 몇 대의 리프트가 필요할까?)

② 리본 자르기

4cm 길이의 리본 3개를 연결하여 몇 cm의 리본을 만들 수 있을까요?

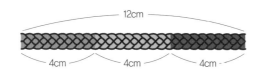

이 상황도 다음 곱셈식으로 나타낼 수 있습니다.

$$4 \quad \times \quad 3 \quad = \quad \boxed{12}$$

리본 한 개의 리본 개수 리본 전체
길이   길이

그리고 이 곱셈으로부터 다음 두 개의 나눗셈을 만들 수 있어요.

1) 12 ÷ 3 = $\boxed{4}$

리본 전체 길이 리본 개수 리본 한 개의
(cm)   (개)   길이(cm)

이 나눗셈은 12cm 길이의 리본을 똑같은 길이로 잘라서 리본 3개로 만들 때, 리본 한 개의 길이가 4cm라는 것을 알려줍니다. 나눗셈 결과를 '단위'와 함께 나타내면 '4(cm/개)'입니다.

리본 한 개에 4cm → 4(cm/개)

2) 12 ÷ 4 = $\boxed{3}$

리본 전체 길이 리본 한 개의 리본 개수
(cm)   길이(cm)   (개)

이 나눗셈은 12cm 길이의 리본으로 4cm 길이의 리본을 3개 만들 수 있다는 것을 알려줍니다. 이 결과를 '단위'와 함께 나타내면 '3(개)'입니다.

두 나눗셈의 '단위'에 주의하자!

①   12   ÷   3   =   4

전체 리본 길이(cm) ÷ 리본 개수(개) = 리본 한 개의 길이(cm/개)

나뉘는수(cm) ÷ 나누는수(개)= 값(cm/개)

피제수와 제수의 단위가 다르다 : 똑같이 나누어주는 분배 상황

(리본을 똑같은 길이 3개로 자르면 몇 cm일까?)

②   12   ÷   4   =   3

전체 리본 길이(cm) ÷ 리본 한 개의 길이(cm) = 리본 개수(개)

나뉘는수(cm)÷ 나누는수(cm) = 값(개)

피제수와 제수의 단위가 같다 : 똑같이 덜어내어 담는(묶는) 상황

(리본을 4cm씩 자르면 몇 개일까?)

③ 속도, 시간, 거리

일정한 속도로 1시간에 4km씩 걸었을 때 3시간 후에는 몇 km를 갈 수 있을까요?

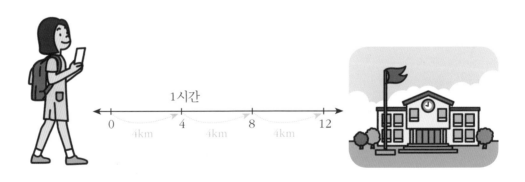

$$4 \quad \times \quad 3 \quad = \quad \boxed{12}$$

1시간에 걷는   걸어간 시간   걸어간 전체
거리(km/시간)   (시간)   거리(km)

위의 곱셈 4×3=12로부터 다음 두 개의 나눗셈을 만들 수 있습니다.

(1)   12   ÷   3   =   4
걸어간 전체 거리   걸어간 시간   1시간에 걷는 거리
(km)   (시간)   (km/시간)

이 나눗셈은 12km의 거리를 일정한 속도로 3시간 동안 걷는다면, 1시간에 4km의 속도로 걷는다는 것을 알려줍니다. 이 결과를 '단위'와 함께 나타내면 '4(km/시간)'입니다.

1시간에 4km → 4(km/시간)

(2)   12   ÷   4   =   3
걸어간 전체 거리   1시간에 걷는 거리   걸어간 시간
(km)   (km/시간)   (시간)

이 나눗셈을 앞의 리본 문제에 적용하면, 전체 길이 12km의 리본을 4km의 리본으로 똑같이 나누어 자르는 것과 같아요. 따라서 12km의 거리를 1시간에 4km씩 걸을 때 3시간 후에 도착한다는 것을 알려줍니다. 이 결과를 '단위'와 함께 나타내면 '3시간'입니다.

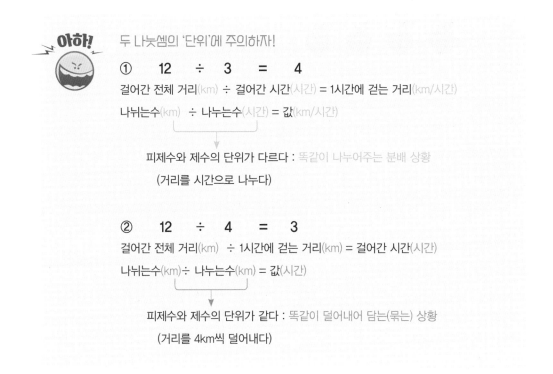

아하!

두 나눗셈의 '단위'에 주의하자!

①   12   ÷   3   =   4
걸어간 전체 거리(km) ÷ 걸어간 시간(시간) = 1시간에 걷는 거리(km/시간)
나뉘는수(km)   ÷ 나누는수(시간) = 값(km/시간)

피제수와 제수의 단위가 다르다 : 똑같이 나누어주는 분배 상황

(거리를 시간으로 나누다)

②   12   ÷   4   =   3
걸어간 전체 거리(km) ÷ 1시간에 걷는 거리(km) = 걸어간 시간(시간)
나뉘는수(km)÷ 나누는수(km) = 값(시간)

피제수와 제수의 단위가 같다 : 똑같이 덜어내어 담는(묶는) 상황

(거리를 4km씩 덜어내다)

4 나눗셈의 두 가지 상황, 똑같이 묶거나 똑같이 나눠주기

지금까지 설명한 나눗셈 개념을 요약해 봅니다.

- 곱셈이 덧셈에서 비롯된 것처럼, 나눗셈은 곱셈에서 비롯되었다.
- 나눗셈은 곱셈의 역이다.
- 하나의 곱셈에서 두 개의 나눗셈을 만들 수 있다. 두 개의 나눗셈은 ① 피제수와 제수의 단위가 같은 경우 ② 피제수와 제수의 단위가 다른 경우로 구분되는데, 각각 의미가 다르다!

그럼 두 나눗셈의 의미를 먹음직스럽게 4개씩 3줄로 배열된 사과로 다시 정리해 봅시다. 이 12개의 사과에서 두 개의 나눗셈을 만들 수 있겠죠? 아래 설명을 보기 전에 스스로 만들어 보아도 좋습니다!

$$4 \times 3 = 12$$

① 피제수와 제수의 단위가 같은 경우 : 똑같이 묶는 상황

- 12개의 사과를 한 사람에게 4개씩 나누어주면 모두 몇 명에게 나누어줄 수 있을까?
- 12개의 사과를 한 묶음에 4개씩 포장한다면, 몇 묶음으로 포장할 수 있을까?
- 12개의 사과를 한 번에 4개씩 먹으면, 모두 몇 번 먹을 수 있을까?

위에서 12개의 사과를 나누는 상황은 서로 다르지만, 모두 똑같은 나눗셈으로 나타낼 수 있습니다.

$$12 \div 4 = 3$$

- 12개의 사과를 한 사람에게 4개씩 나누어주면 3명에게 나누어줄 수 있다. 12(개)÷ 4(개) = 3명
- 12개의 사과를 한 묶음에 4개씩 포장한다면, 3묶음으로 포장할 수 있다. 12(개)÷4(개) = 3묶음
- 12개의 사과를 한 번에 4개씩 먹으면, 모두 3번 먹을 수 있을까? 12(개)÷4(개) = 3번

이 나눗셈의 공통점은 12개의 사과를 같은 수량으로 묶은 다음 나눕니다. 12개를 한 사람에게 4개씩 주고, 한 묶음에 4개씩 포장하고, 한 번에 4개씩 먹지요. 따라서 이 나눗셈을 단위와 함께 나타냈을 때 제수(나누는수)와 피제수(나뉘는수)의 단위가 같습니다.

$$\underset{(\text{개})}{12} \div \underset{(\text{개})}{4} = 3$$

또한 이들 나눗셈의 공통점은 다음과 같이 뺄셈으로 나타낼 수 있어요.

$$12 - \underset{3\text{번}}{\underbrace{(4+4+4)}} = 0 \quad \text{또는} \quad 12 = \underset{3\text{번}}{\underbrace{4+4+4}}$$

정리하면, 나눗셈에서 제수와 피제수의 단위가 같을 때, 이들 나눗셈은 전체에서 같은 수량(개수, 길이, 거리)을 덜어내서 담는다(묶는다)는 의미이며, 뺄셈으로 나타낼 수 있습니다.

② 피제수와 제수의 단위가 다른 경우

- 12개의 사과를 4사람이 똑같이 나누어 가지면, 한 사람이 몇 개를 가질 수 있을까?
- 12개의 사과를 4개의 묶음으로 똑같이 포장하면, 한 묶음에 몇 개가 들어갈까?
- 12개의 사과를 4번에 나누어 똑같이 먹으면, 한 번에 몇 개를 먹을 수 있을까?

위 상황들도 똑같은 하나의 나눗셈으로 나타낼 수 있습니다.

$$12 \div 4 = 3$$

그러나 앞의 나눗셈과 달리, 제수(나누는수)의 단위와 피제수(나뉘는수)의 단위가 다르다는 점에 주목하세요!

- 12개의 사과를 4사람이 똑같이 나누어 가지면, 한 사람이 몇 개를 가질 수 있을까?
  12(개)÷4(명) = 3(개/명)
- 12개의 사과를 4개의 묶음으로 똑같이 포장하면, 한 묶음에 몇 개가 들어갈까?
  12(개)÷4(묶음) = 3(개/묶음)
- 12개의 사과를 4번에 나누어 똑같이 먹으면, 한 번에 몇 개를 먹을 수 있을까?
  12(개)÷4(번) = 3(개/번)

이 나눗셈의 공통점은 12개의 사과를 똑같이 나눈다는 거예요(분배). 12개를 네 사람에게 똑같이 나누고, 4개의 묶음으로 나누고, 4번으로 나누지요. 따라서 이 나눗셈을 단위와 함께 나타냈을 때 제수(나누는수)와 피제수(나뉘는 수)의 단위가 다릅니다.

$$12 \div 4 = 3$$
(개) (명/묶음/번)

이때 나눗셈의 답에 주목해 주세요!

3(개/명) : 한 사람이 3개씩 갖는다(한 사람이 갖는 개수)
3(개/묶음) : 한 묶음에 3개씩 들어 있다(한 묶음에 들어 있는 개수)
3(개/번) : 한 번에 3개 먹는다(한 번에 먹는 개수)

이처럼 나눗셈의 답은 한 사람, 한 묶음, 한 번일 때 몇 개인지를 알려줍니다. 즉, 이때의 나눗셈은 '제수가 1일 때의 값'을 뜻합니다.

문제 1 다음 나눗셈의 답을 보기와 같이 나타내시오.

┌─────── 보기 ───────┐
15(명) ÷ 3(조)

답 5(명/조): 한 조에 3명
└─────────────────────┘

(1) 48(명) ÷ 6(대)

(2) 96(개) ÷ 8(묶음)

(3) 125(개) ÷ 5(상자)

 제수(나누는수)가 1일 때의 값을 알려주는 나눗셈!

피제수와 제수의 단위가 다를 때, 나눗셈 결과는 제수가 1일 때의 피제수 값이다.

1) 10(명)   ÷ 5(대)   = │ 2(명/대) │ ──▶ 리프트 1대에 2명

2) 12(cm)   ÷ 3(개)   = │ 4(cm/개) │ ──▶ 리본 1개의 길이가 4cm

3) 12(km)   ÷ 3(시간) = │ 4(km/시간) │ ──▶ 1시간에 걸어간 거리가 4km (시속)

모두 제수가 1일 때의 값

A ÷ B = C 에서 피제수(A, 나뉘는수)와 제수(B, 나누는수)의 단위가 다를 때, 나눗셈
값 C는 제수(B)가 1일 때 피제수(A)의 값이다.

등분제와 포함제?

초등학교 수학에서 '등분제'와 '포함제'라는 이상한 용어가 등장한다. 아이들에게는 가르쳐주지 않으니, 수학적 용어가 아니라 교육학적 용어다.

피제수와 제수의 단위가 같은 나눗셈을 포함제라 하고, 다른 나눗셈을 등분제라고 한다. 포함제도 등분하는 것과 다르지 않으니 현장의 교사들은 물론이고 교육학자 자신도 헷갈려 하는 것을 종종 목격할 수 있다.

이를 표로 정리하면 다음과 같다.

	우리나라 교육학 용어	예시 상황	나눗셈 식
피제수와 제수 단위가 같은 나눗셈	포함제(동수누감-똑같이 덜어내기)	사과 12개로부터 사과 2개씩 들어가는 선물 바구니는 몇 개 만들 수 있을까?	12(개)÷2(개)= 6(개, 번, 회…)
피제수와 제수 단위가 다른 나눗셈	등분제(똑같이 나눠주기)	12개의 사과를 2사람에게 나누었을 때, 한 사람이 가지는 사과의 개수는 몇 개일까?	12(개)÷2(사람) =6(개/사람)

그런데 이상한 것은 등분제와 포함제를 구별해야 하는 이유에 대한 설명이 없다는 것이다. 또 그러한 구분이 이후의 학습과 어떤 관련성이 있는가에 대해서도 전혀 언급이 없다.

뜻을 명쾌하게 전달하기 위해 용어가 필요함에도, 용어 때문에 오히려 복잡하고 혼란을 초래하는 현상이 학교현장에서 빚어지는 것이다. 특히 포함제라는 용어가 그러한데, 추측하기에는 아마도 일본어를 무분별하게 번역하였기 때문이 아닐까 싶다.

위의 구분에서 피제수와 제수의 단위가 다른 나눗셈은 6학년 수학의 주요 내용인 '분수의 나눗셈'과 '비와 비율'의 기본 개념을 형성하는 매우 중요한 내용이다. 특히 피제수와 제수의 단위가 다른 똑같이 나누는 나눗셈 상황은 중학교의 함수 개념으로 연결되며, 속도나 압력, 운동량이나 분자량 같은 물리나 화학의 개념과도 밀접한 관련이 있다. 그런 관점에서 과학학습의 기초는 나눗셈이라고까지 말할 수 있다. 이 주장이 결코 과장이 아니라는 사실을 이어지는 내용에서 확인할 수 있을 것이다.

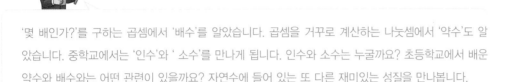

02

🔍 ⓜ 중학수학 잇기

배수와 약수에서 인수와 소인수까지

'몇 배인가?'를 구하는 곱셈에서 '배수'를 알았습니다. 곱셈을 거꾸로 계산하는 나눗셈에서 '약수'도 알았습니다. 중학교에서는 '인수'와 '소수'를 만나게 됩니다. 인수와 소수는 누굴까요? 초등학교에서 배운 약수와 배수와는 어떤 관련이 있을까요? 자연수에 들어 있는 또 다른 재미있는 성질을 만나봅니다.

1️⃣ 배수와 인수

배수는 말 그대로 '곱한 수'이므로 곱셈에서 찾을 수 있습니다.

$6 = 1 \times 6 = 2 \times 3 = 3 \times 2 = 6 \times 1$

이 곱셈식에서 다음이 성립합니다.

'6은 1의 배수다', '6은 2의 배수다', '6은 3의 배수다', '6은 6의 배수다'

그런데 위 문장에서 주어를 바꾸면 어떻게 될까요? ☐ 안에 공통으로 들어갈 단어는 무엇일까요?

'6은 1의 배수다' → '1은 6의 ☐'
'6은 2의 배수다' → '2은 6의 ☐'
'6은 3의 배수다' → '3은 6의 ☐'
'6은 6의 배수다' → '6은 6의 ☐'

☐ 안에 들어갈 단어는 '약수'라고 배웠어요. 그런데 중학교에서는 이를 '인수'라고도 합

니다. 그러므로 다음과 같이 정리할 수 있습니다.

"6은 1, 2, 3, 6의 배수이고, 역으로 1, 2, 3, 6은 6의 약수(인수)다."

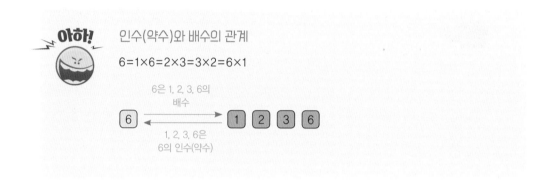

직사각형의 가로 세로 길이가 배수?

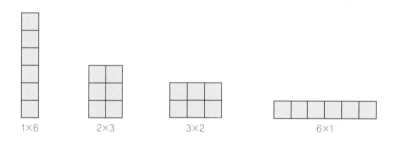

위의 사각형에서 넓이 6은 가로와 세로의 길이 1, 2, 3, 6의 배수이다!
역으로 가로와 세로 길이 1, 2, 3, 6은 넓이 6의 인수(약수)이다.

* 인수에서 한자어 인(因)은, 원인(原因)이나 요인(要因)에서와 같이 어떤 것의 근본을 뜻한다. 그림에서 직사각형의 가로와 세로 길이인 1, 2, 3, 6 모두가 넓이 6이 되는 원인이라고 하여 '인수'라고 한다.

2 인수와 약수

약수라는 용어가 있는데, 왜 인수라는 용어를 쓸까요?

물론 이유가 있습니다. 같은 개념이지만 어디에서 유래되었느냐에 따라 그 뜻에 미묘한 차이가 있답니다.

우선 나눗셈과 곱셈의 관계를 다시 떠올려봅시다. 나눗셈은 곱셈의 역이므로, 곱셈을 나눗셈으로 나타낼 수도 있습니다.

$$3 \times 2 = 6 = 2 \times 3 \longrightarrow \begin{array}{l} 6 \div 3 = 2 \\ 6 \div 2 = 3 \end{array}$$

6을 2로 나누었더니 나머지 없이 딱 떨어지네요. 물론 3으로 나누어도 딱 떨어집니다. 당연하죠. 나눗셈의 원조가 곱셈이었으니까요.

'곱하기'는 한자로 '배(倍)'라고 하며, '나누기'는 한자로 '약(約)'이라고 해요. 그래서 6은 2의 배수이고, 2는 6의 약수라고 합니다. 또한 6은 3의 배수이고, 3은 6의 약수라고 합니다. 이외에도 6은 다음과 같은 곱셈과 나눗셈으로도 나타낼 수 있습니다.

$$1 \times 6 = 6 = 6 \times 1 \longrightarrow \begin{array}{l} 6 \div 1 = 6 \\ 6 \div 6 = 1 \end{array}$$

따라서 '1은 6의 약수'이고 '6은 6의 약수'입니다.

그리고 보니 1은 모든 수의 약수이고, 어떤 수든 자기 자신이 약수가 되는군요. 즉, 모든 수는 1과 자기 자신이 약수예요. 이제 6의 약수를 다음과 같이 정리할 수 있습니다.

"6의 약수는 1, 2, 3, 6이다."

그런데 바로 앞에서 이와 비슷한 문장을 보았죠? '6의 인수가 1, 2, 3, 6'이라고 하였으니까요. 그렇다면 '인수'와 '약수'는 같은 것 아닌가요? 그렇습니다. 인수는 약수이고 약수는 인수입니다! 그런데 왜 이름이 다를까요?

곱셈이냐 또는 나눗셈이냐, 즉 어떤 식을 기준으로 하느냐에 따라 용어가 달라질 뿐이에요. 6=2×3=3×2와 같이 곱셈식으로 나타내면 '2는 6의 인수' 또는 '3은 6의 인수'라고 합니다.

한편, 6÷3=2 또는 6÷2=3과 같이 나눗셈 식으로 나타내면 '2는 6의 약수' 또는 '3은 6의 약수'라고 합니다.

이처럼 '인수'와 '약수'는 같은 뜻이지만, 주어진 식이 곱셈인가 나눗셈인가에 따라 다르게 용어를 선택하여 사용합니다. 곧이어 '소인수'를 다루는데, 이를 '소약수'라고는 하지 않습니다. 잠시 후에 그 이유가 밝혀지겠지만, 여기서 잠깐 스스로 추측해 보세요!

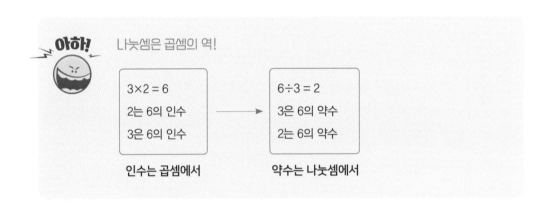

3 소수와 소인수분해

자연수는 '짝수'와 '홀수'로 분류해요. 2로 나누어 나머지가 0이면 짝수, 나머지가 1이면 홀수죠. 지금부터 배수를 이용해서 자연수를 분류하는 또 다른 방법을 알아볼 거예요.

우선 1부터 100까지의 자연수에서 다음 조건에 해당하는 수들을 차례로 제외합니다. 그리고 마지막에 어떤 자연수가 남는지 알아봅시다.

1) 첫 번째 자연수인 1은 제외합니다. 그 이유는 마지막에 알 수 있습니다.

2) 1 다음 수인 2는 남겨두고 그 이외의 2의 배수는 모두 제외합니다.

3) 2 다음 수인 3은 남겨두고 그 이외의 3의 배수를 모두 제외합니다. 이들 가운데는 6이나 12와 같이 이미 제외된 수도 포함되어 있답니다.

4) 3 다음 수는 4인데 이미 제외되었네요. 4 다음 수인 5는 남겨두고 그 이외의 5의 배수를 모두 제외합니다. $5 \times 2 = 10$, $5 \times 3 = 15$, $5 \times 4 = 20$은 이미 제외되었습니다. 따라서 5의 5배인 $5 \times 5 = 25$부터 차례로 제외하면 됩니다.

5) 5 다음 수 6은 이미 제외되었습니다. 6 다음 수인 7은 남겨두고 그 이외의 7의 배수는 모두 제외합니다. 실제로 7의 6배인 42까지는 이미 제외되었으니, 7배인 $7 \times 7 = 49$, 8배인 $7 \times 8 = 56$, … 마지막으로 13배인 $7 \times 13 = 91$까지 제외할 수 있습니다.

+더 알아보기+

왜 7 다음부터는 더 이상 제외하지 않을까?

왜 7 다음부터는 더 이상 제외하지 않아도 될까요? 8, 9, 10은 이미 제외되었습니다. 그 다음 수인 11의 배수 (11, 22, 33, …, 99)도 이미 제외되었습니다. 11의 11배인 121은 이미 100을 넘어가니 더 이상 제외할 필요가 없지요. 그 다음 수인 13도 마찬가지입니다. 백칸표에서 확인해보세요.

이제 남는 수를 나열해 보세요.

2, 3, 5, 7, 11, 13, 17, 19, 23, 29, 31, 37. 41, 43, 47, 53, 59, 61, 67, 71, 73, 79, 83, 89, 97

모두 25개입니다. 이 수들의 공통점은 무엇일까요?

이 수들을 곱셈으로 나타내는 방법이 오직 하나뿐이라는 거예요.

$$2=1 \times 2, \quad 3=1 \times 3, \quad \cdots, \quad 89=1 \times 89, \quad 97=1 \times 97$$

이처럼 인수(약수)들의 곱으로 나타내는 방법이 하나뿐인 25개의 자연수들의 특징을 다음과 같이 나타낼 수 있습니다.

곱셈으로 표현되어 있으니까 '약수'보다는 '인수'가 더 적절하구나!

"인수(약수)가 1과 자기 자신, 두 개뿐인 수"

이러한 수를 '소수(素數)'라고 합니다.

그런데 1은 왜 빠졌을까요? 1=1×1이므로 1의 인수는 오직 하나, 즉 자기 자신뿐이기 때문이에요. 그러므로 1은 소수가 아닙니다. 이제 처음에 1을 제외한 까닭을 이해할 수 있겠죠?

아하! '소수'란?

인수(약수)가 1과 자기 자신 두 개뿐인 수.

2, 3, 5, 7, 11, 13, 17, 19, 23, 29, 31, 37, 41, 43, 47, 53, 59, 61, 67, 71, 73, 79, 83, 89, 97

주의) 1의 인수는 1뿐이므로 소수가 아니다.

소수가 아닌 수를 '합성수'라고 합니다. 소수는 인수가 2개뿐이므로, 합성수는 인수가 3개 이상이에요. 그러므로 인수가 하나밖에 없는 1은 소수도 아니고 합성수도 아니에요. 따라서 자연수는 1과 소수 그리고 합성수의 세 가지로 분류할 수 있습니다.

자연수의 분류

		정의	인수 개수
자연수	소수	인수가 1과 자기 자신뿐인 수	2개(1과 자기 자신)
	합성수	소수가 아닌 수	3개 이상
	1	소수도 아니고 합성수도 아님	1개

──────────── +더 알아보기+ ────────────

위에서 살펴본 2, 3, 5, 7, … 등의 소수(素數)는 0.2 또는 0.57과 같이 1보다 작은 소수(小數)와는 다르므로 구별해야 해요.

자연수인 소수(素數)를 나타내는 한자는 '작다는 뜻의 소(小)'가 아니라 '바탕이라는 뜻을 가진 소(素)'예요. 요소(要素)에서의 소(素)처럼, 어떤 사물의 필수 불가결한 성분이나 조건을 가리키며 아무런 장식이 들어 있지 않고 담백하다는 뜻이 담겨 있습니다.

다시 말하면, 1과 자기 자신 이외에는 더 이상의 인수(약수)가 없다는 뜻을 담은 용어가 바로 소수(素數)입니다.

4 소인수분해는 무엇이며 왜 필요할까?

자연수 12를 곱셈으로 나타내면 다음과 같습니다.

$12=4\times3=2\times2\times3=2^2\times3$

$12=2\times2\times3$과 같이 인수들의 곱으로 나타낼 때, 인수가 모두 소수이면 '소인수분해'라고 합니다. 이때 '소약수분해'라고 하지 않는 것은 나눗셈으로 나타내지 않았기 때문이에요.

그럼 소인수분해는 왜 필요할까요?

이번에는 아주 큰 자연수 3960을 소인수분해한 결과를 살펴봅시다.

$$3960=12\times33\times10$$
$$=(2\times6)\times(3\times11)\times(2\times5)$$
$$=2\times2\times2\times3\times3\times5\times11=2^3\times3^2\times5\times11$$

자연수 3960는 세 개의 2와 두 개의 3, 그리고 5와 11의 곱으로 이루어져 있네요! 이처럼 아무리 크고 복잡한 자연수도 소인수분해로 나타내면 그 수의 전체 구조가 밑바닥까지 투명하게 훤히 드러나는 거예요. 더 이상 나눌 수 없는 '소수인 인수'로 분해되었기 때문이죠.

그러면 소인수분해는 어떻게 하는 걸까요? 다음과 같이 수형도로 나타내거나 나눗셈을 여러 번 계속하여 소인수들을 구하면 됩니다.

$$18 = 2 \times 3 \times 3 = 2 \times 3^2$$

5️⃣ 소인수분해로 인수(약수) 구하기

소인수분해는 어떤 수의 약수(또는 인수)를 모두 구하려 할 때 필요해요. 그럼 24의 인수(약수)를 구해볼까요?

① 약수를 구하기 위해 먼저 소인수분해를 합니다.

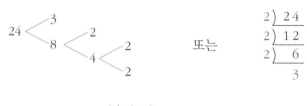

$$24 = 8 \times 3$$
$$= 2 \times 2 \times 2 \times 3 = 2^3 \times 3$$

24를 소인수분해한 결과, 소수인 인수는 2와 3 두 개입니다.

② 소수 2로 이루어진 (=8)의 약수와 3의 약수를 구합니다.

2^3의 약수 : 1, $2^1(=2)$, $2^2(=4)$, $2^3(=8)$

3의 약수 : 1, 3

③ 2^3의 약수와 3의 약수를 차례로 짝을 지어 곱합니다. 이때 두 수를 곱한 수가 24의 약수예요. 다음과 같이 수형도나 표를 이용합니다.

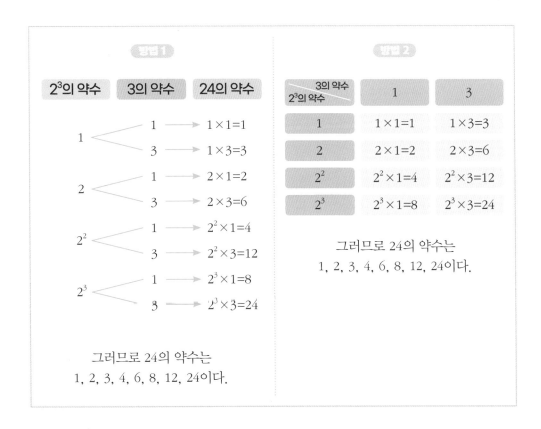

인수(약수) 구하는 방법을 설명하기 위해 24를 예로 들었지만, 24의 인수(약수)는 소인수분해를 하지 않아도 간단히 구할 수 있어요. 소인수분해는 큰 수의 인수(약수)를 구할 때 쓰입니다.

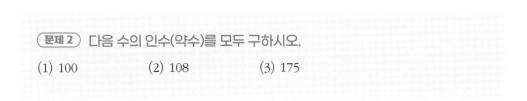

문제 2 다음 수의 인수(약수)를 모두 구하시오.

(1) 100   (2) 108   (3) 175

- **배수와 인수** : 곱셈 6=1×6=2×3이 성립한다.

  6은 1의 배수, 2의 배수, 3의 배수, 6의 배수다.

  1은 6의 인수, 2는 6의 인수, 3은 6의 인수, 6은 6의 인수다.

- **약수** : 나눗셈 6÷1=6, 6÷2=3, 6÷3=2, 6÷6 =1이 성립한다.

  1은 6의 약수, 2는 6의 약수, 3은 6의 약수, 6은 6의 약수다.

- **소수** : 2, 3, 5, 7, 11, 13, 17, 19, 23 … 등이 소수다.

  약수가 두 개, 즉 1과 자기 자신뿐인 수가 소수다.

- **소인수** : 곱셈 6=1×6=2×3이므로 2와 3은 6의 소인수다.

  즉, 소수인 인수를 소인수라 한다.

약수와 배수는 정수론의 기초

약수와 배수, 공약수와 공배수, 최대공약수와 최소공배수는 수학의 한 분야인 정수론의 기본 개념이다. 그 자체가 자연수의 성질에 관한 추상적 개념으로, 초등학교 아이들의 발달단계에 비추어볼 때 5학년에 도입하는 것이 과연 적절한가라는 의문을 제기하지 않을 수 없다.

물론 초등학교 수학에서 느닷없이 정수론을 도입하는 의도는 충분히 이해할 만하다. 분수의 약분과 통분을 가르쳐 분모가 다른 분수의 덧셈과 뺄셈을 위한 도구로 활용하려는 의도를 담았기 때문이다. 하지만 이는 주어진 수의 약수와 배수, 그리고 공약수와 공배수를 기계적으로 구하는 것에 그칠 뿐, 아이들이 그 의미까지 이해하기란 결코 쉽지 않다. 때문에 약수와 배수 단원은 초등학교 아이들이 가장 어려워하고 좌절하는 대표적인 수학적 개념 가운데 하나로 꼽힌다.

이 책에서는 분수의 연산을 가르치기 위해 더 어려운 상위 개념인 약수와 배수의 도입을 지양한다. 일단 이 장에서는 용어의 뜻을 정확하게 파악하는 데 중점을 두었고 이어지는 〈최대공약수와 최소공배수〉에서 자연수 성질에 대하여 상세하게 탐색한다.

한편, 약수는 영어 divisor를, 인수는 factor를 번역한 것이라는 점에서 각각 나눗셈과 곱셈이라는 연산과 관련 있음을 밝힌다.

03

최대공약수와 최소공배수는 어디에 쓰일까?

알면 알수록 신비한 자연수의 세계! 이번에는 최대공약수와 최소공배수에 대해 배울 거예요. 그런데 최대공약수는 있는데 최소공약수라는 용어는 쓰지 않아요. 또한 최소공배수는 있는데, 최대공배수라는 용어는 없어요. 왜 그럴까요? 이름도 비슷하고 헷갈리기 쉽지만, 의미와 쓰임새를 알면 가장 재미있는 단원이 될 거예요. 이로써 중학교 1학년의 첫 단원인 자연수의 성질을 마무리할 수 있답니다!

1 공약수와 최대공약수

앞에서 24의 인수(약수) 1, 2, 3, 4, 6, 8, 12, 24를 소인수분해를 이용해 구했습니다. 같은 방식으로 36의 약수를 구해봅시다. 먼저 36을 소인수분해합니다.

$$36 \begin{cases} 4 \begin{cases} 2 \\ 2 \end{cases} \\ 9 \begin{cases} 3 \\ 3 \end{cases} \end{cases} \qquad 또는 \qquad \begin{array}{r} 2\,)\,36 \\ 2\,)\,18 \\ 3\,)\,\underline{9} \\ 3 \end{array}$$

$$36 = 4 \times 9$$
$$= 2 \times 2 \times 3 \times 3 = 2^2 \times 3^2$$

36을 소인수분해한 결과 $2^2 \times 3^2$을 얻었습니다. $2^2(=4)$의 약수와 $3^2(=9)$의 약수를 구한 후, 수형도나 표를 이용해 차례로 곱합니다.

$2^2(=4)$의 약수 : 1, $2^1(=2)$, $2^2(=4)$

$3^2(=9)$의 약수 : 1, $3^1(=3)$, $3^2(=9)$

Chapter 03 중학수학으로 이어지는 자연수의 나눗셈 개념 | **109**

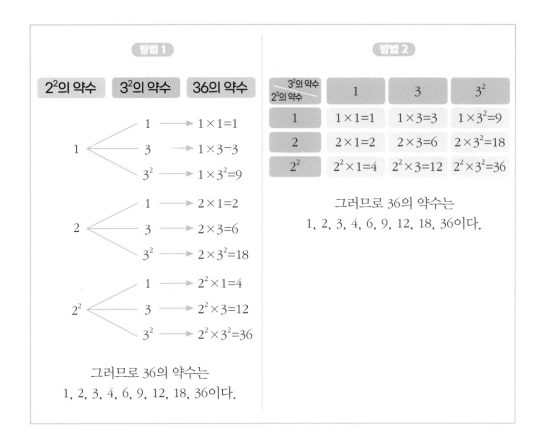

이제 24와 36의 약수를 나열해 봅시다.

- 24의 약수 : 1, 2, 3, 4, 6, 8, 12, 24
- 36의 약수 : 1, 2, 3, 4, 6, 9, 12, 18, 36

24와 36의 공통인 약수, 즉 공약수는 1, 2, 3, 4, 6, 12입니다. 이 가운데 가장 큰 수인 12를 '최대공약수'라고 합니다. 그럼 최소공약수는 무엇일까요?

맞아요, 1입니다. 그런데 가장 작은 공약수는 언제나 1이므로 굳이 최소공약수라는 용어를 사용할 필요는 없겠죠.

그런데 이렇게 24와 36의 모든 약수를 구할 필요없이, 최대공약수를 간단히 알 수 있는 방법이 있답니다. 바로 소인수분해를 이용하는 거예요.

24와 36을 각각 소인수분해한 다음의 결과를 눈여겨보세요.

$$24 = \boxed{2} \times \boxed{2} \times 2 \times \boxed{3}$$
$$36 = \boxed{2} \times \boxed{2} \times 3 \times \boxed{3}$$

24와 36의 공통인 소인수가 있네요. 이때 최대공약수는 공통인 소인수 2, 2, 3의 곱이에요.

$$2 \times 2 \times 3 = 12$$

즉, 24와 36의 최대공약수는 12예요. 그리고 24와 36의 공약수는 1을 포함하여 공통인 소인수 2, 2, 3을 각각 짝지어 곱한 결과랍니다.

$$1, \ 2, \ 3, \ 4(=2 \times 2), \ 6(=2 \times 3), \ 12(=2 \times 2 \times 3)$$

오른쪽 그림과 같이 두 수의 공통 소인수를 찾아 나눗셈을 계속하여 최대공약수를 구할 수도 있어요. 이때 공통인 소인수들의 곱 $2 \times 2 \times 3 = 12$가 최대공약수입니다.

한편 최대공약수를 구하기 위해 나눗셈을 계속하는 과정에서 공통 인수가 없는 2와 3을 얻을 수 있습니다. 2와 3과 같이 공통 인수가 1밖에 없는 두 자연수를 '서로소'라고 합니다.

$$24 = 12 \times 2$$
$$36 = 12 \times 3$$

→ 서로소

최대공약수

2 최대공약수의 활용

최대공약수는 언제 활용될까요? 문제를 통해 살펴봅시다.

세로 2m 25cm, 가로 1m 20cm인 욕실 벽면을 정사각형의 타일로 빈틈없이 채워 장식하려고 한다. 공사비를 줄이기 위해 타일의 개수를 최소화하려면 모두 몇 개의 타일이 필요한가? 그리고 그 크기는?

문제를 풀려면, 우선 문제의 의미가 무엇인지를 파악해야 합니다.

이 문제에서는 두 가지 조건에 주목해야 해요. '가장 적은 개수의 타일'로 '빈틈없이 채운다'는 것입니다.

'정사각형 타일로 빈틈없이 채운다'는 조건은, 타일 한 변의 길이가 벽면 전체의 세로와 가로 길이의 공약수임을 뜻해요. 즉, 정사각형 타일 한 변의 길이가 벽면의 세로 길이(225cm)의 약수이며 동시에 가로 길이(120cm)의 약수라는 것이죠.

'타일 개수를 가장 적게' 한다는 조건은 타일의 크기가 최대라는 것을 뜻합니다. 그렇다면 정사각형 타일의 한 변의 길이는, 225와 120의 최대공약수라는 거군요.

아하! 이제 최대공약수를 구해 문제를 해결하면 되겠네요!

[풀이]

225와 120의 최대공약수를 구하기 위해 다음과 같이 소인수분해합니다.

$$225 = 45 \times 5$$
$$= 9 \times 5 \times 5$$
$$= 3 \times 3 \times 5 \times 5$$

또는

$$\begin{array}{r|rr} 3 & 225 & 120 \\ 5 & 12 & 40 \\ \hline & 15 & 8 \end{array}$$

$$120 = 24 \times 5$$
$$= 8 \times 3 \times 5$$
$$= 2 \times 2 \times 2 \times 3 \times 5$$

최대공약수는 공통인 소인수들의 곱인 $3 \times 5 = 15$예요. 따라서 가장 큰 정사각형 타일의 크기는 15×15cm입니다.

이제 필요한 타일의 개수를 알아볼 차례예요. 전체 벽면을 채울 타일의 개수는, 전체 벽면의 세로 길이(225cm)와 가로 길이(120cm)를 한 개의 타일 길이로 나누면 됩니다.

세로 : 전체 벽면의 세로 길이(225cm) ÷ 정사각형 타일 한 변의 길이(15cm)

$$225 \div 15 = 15(개)$$

가로 : 전체 벽면의 가로 길이(120cm) ÷ 정사각형 타일 한 변의 길이(15cm)

$$120 \div 15 = 8(개)$$

따라서 세로 벽면에는 한 줄에 15개씩, 가로 벽면에는 한 줄에 8개씩의 타일이 필요하므로, 전체 벽면에는 15×8=120(개)의 타일이 필요합니다.

이러한 문제가 주어졌을 때, 문제를 풀기 위해 최대공약수 개념이 필요하다는 것을 발견하기 어려울 수 있어요. 이 문제 풀이에서 중요한 것은 왜 최대공약수가 필요한지 깨닫는 거예요. 최대공약수 개념에 더 익숙해지기 위해 조금 다른 문제 상황을 살펴봅시다.

사과 300개와 복숭아 450개가 있다. 사과와 복숭아를 각각 같은 개수만큼 남김없이 나누어 선물상자를 만들려고 한다. 선물상자 개수를 되도록 많이 만들려면 모두 몇 개까지 만들 수 있을까?

[풀이에의 접근]

이번에도 문제의 의미를 먼저 파악해 봅니다. 이 문제 역시 '각각 같은 개수만큼 남김없이 나눈다'와 '선물상자 개수를 되도록 많이'라는 조건에 주목해야 합니다.

사과 300개를 '같은 개수만큼 남김없이 나누어 담는다'는 것은, 상자 개수가 300의 약수임을 뜻해요. 복숭아 450개도 '같은 개수만큼 남김없이 나누어 담아야' 하므로 상자 개수는 450의 약수이기도 합니다.

그리고 '선물상자의 개수를 되도록 많이 만든다'는 두 번째 조건은, 300과 450의 최대공약수를 구해야 한다는 것을 알려줍니다. 이제 문제를 파악했으니 최대공약수를 구해 풀이를 완성할 수 있습니다.

[풀이]

300과 450의 최대공약수를 구하기 위해 다음과 같이 소인수분해합니다.

$$300=30 \times 10$$
$$=3 \times 10 \times 2 \times 5$$
$$=2 \times 2 \times 3 \times 5 \times 5$$

또는

$$450=45 \times 10$$
$$=9 \times 5 \times 2 \times 5$$
$$=2 \times 3 \times 3 \times 5 \times 5$$

2)	300	450
3)	150	225
5)	50	75
5)	10	15
	2	3

가장 많은 선물상자의 개수는 300과 450의 최대공약수, 즉 공통인 소인수들의 곱인 $2 \times 3 \times 5 \times 5 = 150$개예요.

이제 각 상자에 담을 과일의 개수를 알아보기 위해 나눗셈을 실행합니다.

사과 300÷150=2(개)   복숭아 450÷150=3(개)

따라서 한 상자에 사과 2개와 복숭아 3개가 들어 있는 선물상자 150개를 만들 수 있습니다.

문제 3 다음 물음에 답하시오.

(1) 공책 72권, 연필 54자루를 최대한 많은 학생들에게 똑같이 나누어주려고 한다. 최대 몇 명에게 나누어 줄 수 있을까?

(2) 가로 27cm, 세로 36cm인 직사각형 모양의 색종이를 남김없이 똑같은 크기의 정사각형 모양으로 자르려고 한다. 정사각형의 크기가 가장 크려면 정사각형의 한 변은 몇 cm가 되어야 하나?

3 공배수와 최소공배수

두 수의 공통인 약수, 공약수에 대해 알아보았습니다. 이제 공통인 배수, 즉 공배수를 알아봅시다. 두 자연수 24와 36의 배수를 나열하면 다음과 같습니다.

24의 배수 : 24, 48, 72, 96, 120, 144, 168, 192, 216, ⋯
36의 배수 : 36, 72, 108, 144, 180, 216, ⋯

24와 36에 공통으로 들어 있는 배수가 보이네요. 72, 144, 216, ⋯처럼 공통인 배수를 공배수라고 해요. 그중에서 가장 작은 수인 72를 '최소공배수'라고 합니다. 그런데 '최대공배수'란 말은 사용하지 않습니다. 공배수는 무한하니까요. 그리고 이 공배수들은 최소공배수 72의 배수라는 사실도 알 수 있습니다.

앞에서 소인수분해로 최대공약수를 구했듯, 최소공배수도 소인수분해로 구할 수 있습니다.

24와 36을 소인수분해 한 다음 결과를 눈여겨보세요.

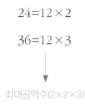

$$24 = 2 \times 2 \times 2 \times 3$$
$$36 = 2 \times 2 \times 3 \times 3$$

공통인 소인수는 2가 2개, 3이 한 개예요. 따라서 최대공약수는 $2 \times 2 \times 3 = 12$이고, 두 수를 다음과 같이 나타낼 수 있어요.

$$24 = 12 \times 2$$
$$36 = 12 \times 3$$

$$\downarrow$$

최대공약수($2 \times 2 \times 3$)

최소공배수도 배수라는 사실을 잊지 마세요! 즉, 공통인 최대공약수 12에 서로소인 2와 3을 곱한 수 72가 최소공배수입니다.

$$72 = 12 \times 2 \times 3$$

서로 소

최대공약수

$2 \ ) \ \ 24 \quad 36$
$2 \ ) \ \ 12 \quad 18$
$3 \ ) \ \ 6 \quad 9$
    $2 \quad 3 \rightarrow$ 서로 소

$12 \times 2 \times 3 = 72$ 또는

$2 \times 2 \times 3 \times 2 \times 3 = 72$

24와 36의
최소공배수

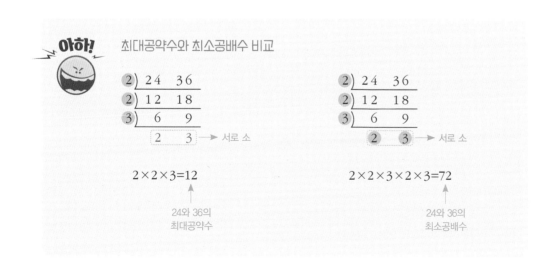

최대공약수와 최소공배수 비교

$2 \ ) \ \ 24 \quad 36$
$2 \ ) \ \ 12 \quad 18$
$3 \ ) \ \ 6 \quad 9$
    $2 \quad 3 \rightarrow$ 서로 소

$2 \times 2 \times 3 = 12$

24와 36의
최대공약수

$2 \ ) \ \ 24 \quad 36$
$2 \ ) \ \ 12 \quad 18$
$3 \ ) \ \ 6 \quad 9$
    $2 \quad 3 \rightarrow$ 서로 소

$2 \times 2 \times 3 \times 2 \times 3 = 72$

24와 36의
최소공배수

이제 최소공배수가 활용되는 문제의 예를 살펴봅시다.

> 세로 12cm 가로 18cm인 직사각형 모양의 타일을 빈틈없이 쌓아서 가능한 한 작은 정사각형 모양의 벽면을 만들려고 한다. 이 벽면의 한 변의 길이는 몇 cm일까? 그리고 이때 필요한 타일의 개수는 몇 개일까?

[풀이에의 접근]

문제를 풀기 위해 우선 문제의 의미를 파악해 봅시다. 문제에서 '빈틈없이 쌓는다'와 '가능한 한 작은 정사각형 모양의 벽면'이라는 조건에 주목합니다.

먼저 '직사각형 타일로 빈틈없이 채운다'는 것은, 정사각형 벽면의 세로 길이가 타일의 세로 길이(12cm)의 배수이고, 벽면의 가로 길이는 타일의 가로길이(18cm)의 배수임을 뜻해요.

그리고 '가능한 한 작은 정사각형 모양의 벽면'이라는 것은, 벽면의 길이가 최소라는 것을 뜻합니다. 즉, 벽면의 길이는 12와 18의 공배수 가운데 가장 작은 최소공배수라는 거예요.

아하, 이제 최소공배수를 구해 문제를 풀면 되겠네요!

[풀이]

12와 18의 최소공배수를 구하기 위해 다음과 같이 소인수분해합니다.

$$12 = 4 \times 3$$
$$\quad\; = 2 \times 2 \times 3$$

$$18 = 2 \times 9$$
$$\quad\; = 2 \times 3 \times 3$$

또는

$$
\begin{array}{r|cc}
2 & 12 & 18 \\
3 & 6 & 9 \\
\hline
& 2 & 3
\end{array}
$$

따라서 최소공배수는 $6 \times 2 \times 3 = 36$이에요. 즉, 한 변의 길이가 36인 정사각형의 벽면을 만들 수 있습니다. 이제 필요한 전체 타일의 개수를 알아볼 차례예요. 전체 벽면의 길이를 한 개의 타일 길이로 나누면 됩니다.

세로 : 전체 정사각형 벽면의 세로 길이(36cm) ÷ 타일의 세로 길이(12cm)

$$36 \div 12 = 3(개)$$

가로 : 전체 정사각형 벽면의 가로 길이(36cm)÷타일의 가로 길이(18cm)

$$36 \div 18 = 2(개)$$

즉, 세로 한 줄에 3개씩, 가로 한 줄에 2개씩의 타일이 필요하므로, 전체 벽면에는 $2 \times 3 = 6(개)$의 타일이 필요합니다.

이러한 문제가 주어졌을 때, 문제를 풀기 위해 필요한 개념이 최대공약수인지 최소공배수인지 헷갈릴 수 있습니다. 다시 강조하지만, 문제 풀이에서 중요한 것은 왜 최소공배수가 필요한지 깨닫는 거예요.

> 진주 고속버스 터미널에서 부산행 고속버스의 배차간격은 12분이고, 서울행 고속버스의 배차 간격은 40분이다. 오전 10시에 두 노선버스가 출발하였다면, 그 다음 동시에 출발하는 시간은?

[풀이에의 접근]

문제에서 '배차간격'과 '두 번째로 동시에 출발한다'는 조건에 주목합니다. 먼저 두 고속버스의 '배차간격'이 각각 12분과 40분이므로, 12의 배수와 40의 배수를 구해야 합니다. 그리고 '두 번째로 동시에 출발한다'는 조건에서 동시에 출발한다는 것은 최소공배수를 구해야 한다는 의미랍니다.

이제 문제의 의미를 파악했으므로 최소공배수를 구해 풀이를 완성합시다.

[풀이]

12와 40의 최소공배수를 구하기 위해 다음과 같이 소인수분해한다.

$$12 = 4 \times 3$$
$$= 2 \times 2 \times 3$$

$$40 = 8 \times 5$$
$$= 2 \times 2 \times 2 \times 5$$

또는

```
2 ) 12   40
2 )  6   20
     3   10
```

따라서 최소공배수는 $4 \times 3 \times 10 = 120$(분)이에요. 그러므로 두 번째 출발 시간은 120분, 즉 2시간 이후이므로 정오인 12시입니다.

문제 4 다음 물음에 답하시오.

(1) 가로 6cm, 세로 8cm인 직사각형 모양의 타일을 빈틈없이 쌓아서 가능한 한 작은 정사각형 모양의 벽면을 만들려고 한다. 이 벽면의 한 변의 길이는 몇 cm일까? 그리고 이때 필요한 타일의 개수는 몇 개일까?

(2) 진주 고속버스 터미널에서 부산행과 광주행 고속버스의 배차간격이 각각 4분 그리고 6분이다. 오전 9시에 두 노선버스가 출발하였을 때, 그 다음에 다시 동시에 출발하는 시각은?

선생님만 보세요!

최대공약수와 최소공배수가 어려운 이유

초등학교 수학에서 최대공약수와 최소공배수 문제를 대부분의 아이들이 어려워한다. 그 이유는 최대공약수와 최소공배수를 구하지 못하기 때문이 아니라, 주어진 문제 상황에서 최대공약수가 필요한지 아니면 최소공배수가 필요한지에 대한 판단을 하지 못하기 때문이다.

이는 아이들의 지적 발달 수준이 자연수의 성질이라는 추상적 개념을 충분히 이해할 정도로 발달하지 못했기 때문이다. 반-힐레의 5단계 수준 이론은 단순히 기하학에만 적용되는 것이 아니라 수론과 대수학에도 적용할 수 있음을 고려한다면, 무엇을 가르칠 것인가를 논하는 교육과정이 얼마나 중요한가를 알 수 있다.

그럼에도 굳이 이를 가르쳐야 한다면 답을 구하는 것에 급급해서는 안 된다. 문제 상황에 대한 분석에 충분한 시간을 갖도록 할 것을 권할 수밖에 없는데, 이 책에서의 접근은 그런 시도 가운데 하나다.

마지막으로 최대공약수와 최소공배수의 관계를 정리해본다.

두 자연수 A와 B에 대하여. 최대공약수를 G, 최소공배수를 L이라 하면, $A=G\times a$이고 $B=G\times b$이다. 이때 a와 b는 서로 소이므로, A와 B의 최소공배수 L은 다음과 같다.

$L=G\times a\times b$

Chapter 04

중학수학으로 이어지는
분수 개념

≒ 나눗셈에서 분수와 유리수가 보인다! ≒

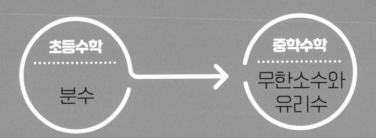

초등수학
분수 → 중학수학
무한소수와 유리수

01 초등수학 개념의 재발견

분수는 나눗셈이다!

분수와 나눗셈은 어떤 관계일까요? 그동안 알려지지 않았던 분수와 나눗셈의 밀접한 관계를 새로운 관점에서 살펴봅니다.

분수, 자연수와 어깨를 나란히!

02 초등수학 개념의 재발견

자연수만으로는 표현할 수 없는 새로운 수의 세계를 표현하는 분수! 분수를 수직선 위에 나타내며 자연수와 분수를 비교해 봅니다.

03 초등수학 개념의 재발견

분수 덧셈과 뺄셈도 자연수 덧셈과 뺄셈처럼!

분모가 같은 분수의 덧셈과 뺄셈은, 결국 분자끼리의 덧셈과 뺄셈이므로 자연수의 덧셈 뺄셈과 다르지 않습니다. 분수와 자연수의 덧셈과 뺄셈 과정을 수직선에서 비교해 봅니다.

분수에서 무한소수와 유리수까지

04 중학수학 잇기

소수에는 유한소수와 무한소수가 있는데, 무한소수는 다시 순환하는 무한소수와 순환하지 않는 무한소수로 나눌 수 있습니다. 이 과정에서 정수보다 더 넓은 유리수라는 새로운 수의 세계가 펼쳐집니다.

01

분수는 나눗셈이다!

> 똑같이 나누어 한 사람이 갖는 양을 구할 때 '나눗셈'을 적용합니다. 그런데 나눗셈 값이 1보다 작으면 자연수로 나타낼 수 없겠죠. 바로 이때 분수가 필요합니다. 여기서는 그동안 알려지지 않았던 분수와 나눗셈의 밀접한 관계에 대하여 자세히 알아봅니다.

① 나눗셈을 분수로!

분수를 한자로 分數라고 표기하는데, 이때 분(分)에는 '나눈다'는 뜻이 들어 있어요. 용어에서부터 분수는 나눗셈과 깊은 관련이 있음을 짐작할 수 있어요. 그럼 실제 나눗셈이 적용되는 상황에서 과연 분수가 왜 필요한지 알아봅시다.

【 샌드위치 나눠주기 1 】

야외 체험 학습의 점심 메뉴가 샌드위치네요. 모둠별로 샌드위치를 주문하여 똑같이 공평하게 나누어 주려고 합니다. 한 사람이 먹을 수 있는 샌드위치의 양을 구하세요.

모둠 A
사람 2명, 샌드위치 4개

모둠 B
사람 2명, 샌드위치 6개

한 사람이 먹을 수 있는 샌드위치 양은 나눗셈으로 구해요.

모둠 A : 4(개)÷2(명)=2(개/명)
모둠 B : 6(개)÷2(명)=3(개/명)

위의 나눗셈을 다음과 같이 표로 나타낼 수 있습니다.

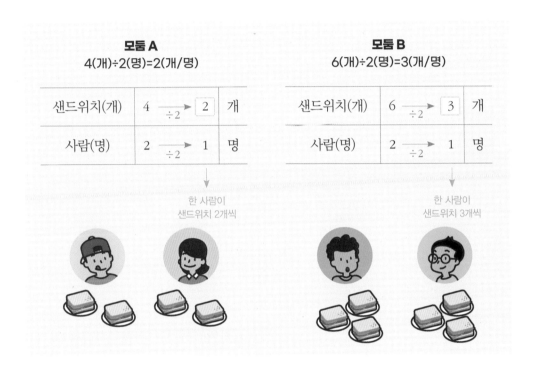

한 사람이 갖는 샌드위치 개수를 구하는 나눗셈은 각각 4÷2와 6÷2예요. 이때 나눗셈 기호 ÷ 대신 '사선 /'이나 '선분 −' 또는 '비를 나타내는 기호 :'를 사용해 나타낼 수도 있어요.

(모둠 A에서 한 사람이 갖는 샌드위치)　4÷2　⟶　4/2 또는 $\frac{4}{2}$ 또는 4:2

(모둠 B에서 한 사람이 갖는 샌드위치)　6÷2　⟶　6/2 또는 $\frac{6}{2}$ 또는 6:2

위에서 $\frac{4}{2}$와 $\frac{6}{2}$과 같은 표기를 '분수'라고 해요. 선분 '−' 위의 숫자 4와 6은 '분자'이고,

밑에 있는 숫자 2는 '분모'예요. 분수 $\frac{4}{2}$는 자연수 2와, 분수 $\frac{6}{2}$은 자연수 3과 같습니다.

$$\frac{4}{2} = 2, \quad \frac{6}{2} = 3$$

다시 정리하면, 모둠 A에서 한 사람이 갖는 샌드위치의 양은 나눗셈 4÷2로 구할 수 있고, 나눗셈 4÷2는 분수 $\frac{4}{2}$로 나타낼 수 있어요. 분수 $\frac{4}{2}$는 자연수 2와 같습니다.

모둠 B에서 한 사람이 갖는 샌드위치 양은 나눗셈 6÷2로 구할 수 있고, 나눗셈 6÷2는 분수 $\frac{6}{2}$으로 나타낼 수 있어요. 분수 $\frac{6}{2}$은 자연수 3과 같습니다.

 분수의 분자와 분모

나눗셈 3÷2는 분수 $\frac{3}{2}$으로 나타낸다!

분수 $\frac{3}{2}$ → 분자 = 나뉘는수 = 피제수

→ 분모 = 나누는수 = 제수

A모둠은 2($=\frac{4}{2}$)개씩, B모둠은 3($=\frac{6}{2}$)개씩 샌드위치를 나누어 가졌어요. C모둠과 D모둠도 샌드위치를 나눠주려고 해요.

샌드위치 나눠주기 2

C모둠과 D모둠도 샌드위치를 똑같이 공평하게 나누어 주려고 합니다. 한 사람이 먹을 수 있는 샌드위치의 양을 구하세요.

모둠 C
사람 2명 샌드위치 1개

모둠 D
사람 3명 샌드위치 1개

한 사람이 먹을 수 있는 샌드위치 양은 나눗셈으로 구해요.

모둠 C : $1(개) \div 2(명) = \dfrac{1}{2}(개/명)$

모둠 D : $1(개) \div 3(명) = \dfrac{1}{3}(개/명)$

위의 나눗셈도 다음과 같이 표로 정리합니다.

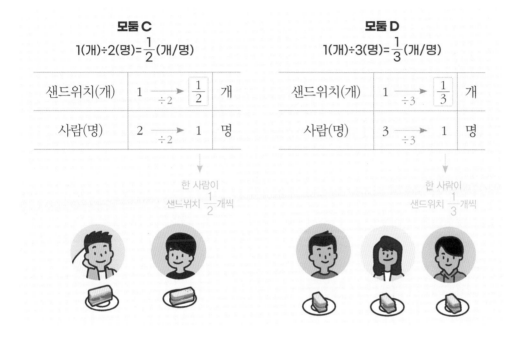

한 사람이 갖는 샌드위치 개수를 구하는 나눗셈은 각각 1÷2와 1÷3이에요. 역시 이때 나눗셈 기호 ÷ 대신 '사선 /'이나 '선분 −' 또는 '비를 나타내는 기호 :'를 사용해 나타낼 수도 있어요.

(모둠 C에서 한 사람이 갖는 샌드위치)　1÷2　⟶　1/2 또는 $\dfrac{1}{2}$ 또는 1:2

(모둠 D에서 한 사람이 갖는 샌드위치)　1÷3　⟶　1/3 또는 $\dfrac{1}{3}$ 또는 1:3

모둠 C에서 한 사람이 갖는 샌드위치의 양은 나눗셈 1÷2로 구할 수 있고, 나눗셈 1÷2는 분수 $\dfrac{1}{2}$로 나타냅니다. 분수 $\dfrac{1}{2}$은 자연수가 아닙니다.

모둠 D에서 한 사람이 갖는 샌드위치 양은 나눗셈 $1 \div 3$로 구할 수 있고, 나눗셈 $1 \div 3$은 분수 $\frac{1}{3}$로 나타냅니다. 분수 $\frac{1}{3}$은 자연수가 아닙니다.

이제 각 모둠별로 한 사람이 먹을 수 있는 샌드위치 양을 정리해 봅시다.

	모둠A	모둠B	모둠C	모둠D
샌드위치(개)	$2(=\frac{4}{2})$	$3(=\frac{6}{2})$	$\frac{1}{2}$	$\frac{1}{3}$
사람(명)	1	1	1	1

이 표에서 공통점을 찾았나요? 사람(명)이 모두 1이라는 거예요.

당연합니다. (샌드위치 개수)÷(사람 수)라는 나눗셈으로 한 사람이 먹을 샌드위치 양을 구했으니까요.

그러므로 나눗셈 (샌드위치 개수)÷(사람 수)와 이를 분수로 표기한 $\frac{(샌드위치\ 개수)}{(사람\ 수)}$ 는 모두 '나누는수(제수)가 1일 때의 값'이라는 중요한 사실을 발견했습니다.

한 사람이 먹을 샌드위치 양=(샌드위치 개수)÷(사람 수)

$$(샌드위치\ 개수) \div (사람\ 수) = \frac{(샌드위치\ 개수)}{(사람\ 수)}$$

 분수는 나눗셈의 또 다른 표현이다!

3사람이 피자 1판을 똑같이 나눠 먹을 때, 1사람의 몫은 $\frac{1}{3}$

 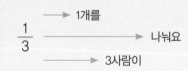

$\frac{1}{3}$ → 1개를   → 나눠요   → 3사람이

$1 \div 3 = \frac{1}{3}$ 이므로, 분수는 곧 나눗셈이다.

따라서 분수도 나눗셈과 같이 '나누는수(제수)가 1일 때의 값'이다!

3시람이 샌드위치 2개를 똑같이 나눠 먹을 때, 1시람의 몫은 $\frac{2}{3}$

2개를 3사람이 나눠요 $\frac{2}{3}$

(문제 1) 주문한 피자를 똑같이 나누어 먹을 때, 한 사람이 먹는 양을 보기와 같이
나눗셈 식과 분수로 나타내시오.

─────── 보기 ───────

피자 4판을 세 사람이 나누어 먹는다.

한 사람이 먹을 수 있는 양은 $4 \div 3 = \frac{4}{3}$

(1) 피자 5판을 세 사람이 나누어 먹는다.

한 사람이 먹을 수 있는 양은 _____

(2) 피자 6판을 세 사람이 나누어 먹는다.

한 사람이 먹을 수 있는 양은 _____

(3) 피자 6판을 네 사람이 나누어 먹는다.

한 사람이 먹을 수 있는 양은 _____

(4) 피자 4판을 다섯 사람이 나누어 먹는다.

한 사람이 먹을 수 있는 양은 _____

❷ '부분'을 나타내는 분수

분수는 똑같이 나누는 나눗셈의 또 다른 표현임을 배웠어요. 그리고 나눗셈 값은 $4 \div 2$와 $6 \div 2$에서와 같이 자연수일 수도 있지만, $1 \div 2$와 $3 \div 4$처럼 자연수가 아닌 경우도 있다는 것을 알았어요. 마찬가지로 분수도 $\frac{4}{2}(=2)$와 $\frac{9}{3}(=3)$와 같이 자연수일 수도 있지만, $\frac{1}{2}$과 $\frac{1}{3}$처럼 자연수가 아닐 수도 있습니다. 이제 그것이 어느 정도의 양인지 알아볼까요?

다음과 같은 정사각형 모양의 피자를 똑같이 나눠 먹으려 해요. 네 명 몫을 똑같이 나눌 때, 피자를 나누는 방법은 여럿 있습니다.

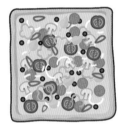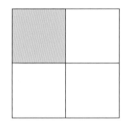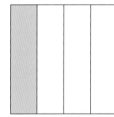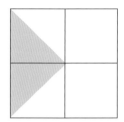

그림에서 색칠한 부분은 한 사람이 먹을 수 있는 양이에요. 모양이 모두 다르지만 양은 똑같습니다. 이를 수로 나타내려면, 다음과 같이 나눗셈 또는 분수를 이용할 수 있어요.

$$1(개) \div 4(명) = \frac{1}{4}(개/명)$$

똑같이 나누는 것을 '등분'이라고 해요. 나눗셈 $1 \div 4$는 전체 1을 똑같이 4로 나눈, 즉 4등분한 것이죠. 분수 $\frac{1}{4}$도 전체 1을 네 등분한 조각 한 개를 뜻하므로 당연히 1보다 작은 값이겠죠.

이렇게 분수를 이용하면 1보다 작은 양을 나타낼 수 있습니다. 이때 분수는 전체의 '부분'을 나타냅니다.

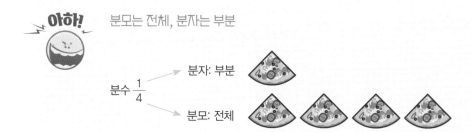

분모는 전체, 분자는 부분

분수 $\frac{1}{4}$ ──→ 분자: 부분

──→ 분모: 전체

이처럼 '나눗셈의 또 다른 표기'인 분수는 '전체의 부분'을 나타냅니다. '전체의 부분'에 대해 좀 더 알아볼까요?

예를 들어 아래 직사각형 전체를 1이라 할 때 분수 $\frac{3}{4}$은 네 등분한 조각들 가운데 세 조각을 나타냅니다.

그러므로 '전체의 부분'을 나타내지요.

한편, 분수 $\frac{3}{4}$은 나눗셈 3÷4와 같습니다. 즉, 3개를 똑같이 넷으로 나누어 가지는 것을 뜻해요. 따라서 다음과 같은 그림으로 나타낼 수 있습니다.

여기서 색칠한 부분을 모두 모으면, 전체 1을 네 등분했을 때의 3조각에 해당합니다.

그러므로 분수 $\frac{3}{4}$은 나눗셈 3÷4와 같으며, 그 값은 1보다 적은 '전체의 부분'을 나타냅니다.

③ 같은 값의 분수가 무수히 많다!

분수는 자연수와 다른 특징을 보입니다.

어떤 값을 나타내는 자연수는 오직 하나뿐인 반면, 똑같은 값을 나타내는 분수는 여럿 있습니다. 자연수에서는 결코 상상할 수 없는 일이 분수에서 일어난 것이죠. 더욱 놀라운 것은 그러한 분수를 마음먹은 만큼 무수히 만들어 낼 수 있다는 거예요. 이런 일이 어떻게 가능할까요?

다음 표를 보세요. 분수 $\frac{2}{3}$와 같은 값을 나타내는 분수가 무수히 많습니다.

			...		...
전체 3등분의 2조각	전체 6등분의 4조각	전체 9등분의 6조각	...	전체 27등분의 18조각	...
$\frac{2}{3}$	$\frac{4}{6}$	$\frac{6}{9}$	...	$\frac{18}{27}$	...

전체 원의 크기가 같고 색칠한 부분의 크기도 모두 같아요. 따라서 $\frac{2}{3}$, $\frac{4}{6}$, $\frac{6}{9}$, $\cdots$, $\frac{18}{27}$ $\cdots$ 은 모두 같은 값을 나타내는 분수예요.

$$\frac{2}{3} = \frac{4}{6} = \frac{6}{9} = \cdots = \frac{18}{27} = \cdots$$

이 분수들의 분자와 분모는 모두 다르지만, 자세히 살펴보면 일정한 규칙이 들어 있답니다. 분모 3, 6, 9, 12, …는 모두 3의 배수이고, 분자 2, 4, 6, 8, …은 모두 2의 배수예요.

$\frac{2}{3}$	$\frac{4}{6}$	$\frac{6}{9}$	$\frac{8}{12}$	$\frac{10}{15}$
$\frac{2}{3}$	$\times 2$ $\frac{2}{3} \to \frac{4}{6}$ $\times 2$	$\times 3$ $\frac{2}{3} \to \frac{6}{9}$ $\times 3$	$\times 4$ $\frac{2}{3} \to \frac{8}{12}$ $\times 4$	$\times 5$ $\frac{2}{3} \to \frac{10}{15}$ $\times 5$

이와 같이 분모와 분자에 같은 값을 곱하여(또는 같은 값으로 나누어) 무수히 많은 분수를 만들 수 있습니다. 그리고 이들 분수의 값은 모두 똑같습니다. 하나의 값을 나타내는 숫자 표기가 무한개 있다는, 자연수에서는 결코 상상할 수 없는 현상이 분수의 특징입니다.

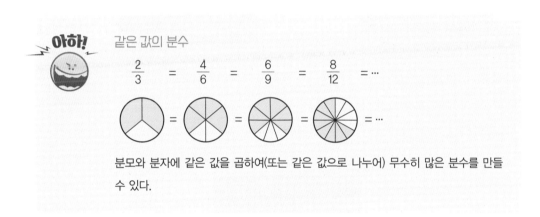

아하!

같은 값의 분수

$$\frac{2}{3} = \frac{4}{6} = \frac{6}{9} = \frac{8}{12} = \cdots$$

분모와 분자에 같은 값을 곱하여(또는 같은 값으로 나누어) 무수히 많은 분수를 만들 수 있다.

④ 분수가 나타내는 양은?

주어진 양을 분수로 나타내는 방법에 대하여 살펴보았습니다. 이제 분수가 나타내는 양에 대해서 알아볼 차례입니다. 우선 분수의 분모가 어떤 역할을 담당하는지 알아볼까요?

다음 각각의 원에서 $\frac{1}{3}$을 색칠해봅시다.

① 분수 $\frac{1}{3}$은 전체를 3등분하였을 때 하나의 조각을 말합니다. 따라서 3등분된 원에서는 하나의 부분만 색칠하면 됩니다.

② 두 번째 원은 6조각으로 이루어져 있습니다. $\frac{1}{3}$을 색칠하려면, 분수

$\frac{1}{3}$의 분모가 3이므로 3등분해야겠죠. 6÷3=2이므로 2조각을 한 묶음으로 하여 전체를 3묶음으로 만들 수 있습니다. 그중 한 묶음인 2개의 조각을 색칠하면 됩니다.

③ 세 번째 원은 모두 12개의 조각으로 이루어졌습니다. 분수 $\frac{1}{3}$의 분모가 3이므로 3등분을 하려면, 12÷3=4이므로 4조각을 한 묶음으로 하여 전체를 3묶음으로 만들 수 있습니다. 그중 한 묶음인 4개의 조각을 색칠하면 됩니다.

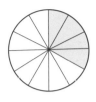

이처럼 분수의 분모는 전체를 몇 등분하는가를 나타내고 있습니다.

이제 분자의 역할에 대하여 살펴봅시다. 다음 각각의 초콜릿에서 $\frac{2}{5}$는 몇 조각일까요?

①

②

① 분수 $\frac{2}{5}$의 분모가 5이므로 전체를 5등분해야겠죠. 10(조각)÷5(묶음)=2(조각/묶음)이므로 2조각을 한 묶음으로 하여 전체를 5묶음으로 등분할 수 있습니다. 이 가운데 2묶음이므로 2(조각/묶음)×2(묶음)=4(조각)입니다.

② 분수 $\frac{2}{5}$의 분모가 5이므로 전체를 5등분해야겠죠. 15(조각)÷5(묶음)=3(조각/묶음)이므로 3조각을 한 묶음으로 하여 전체를 5묶음으로 등분할 수 있습니다. 이 가운데 2묶음이므로 3(조각/묶음)×2(묶음)=6(조각)입니다.

따라서 분자는 전체를 분모만큼 등분했을 때 몇 묶음인지 나타냅니다.

'사과 20개 중에서 $\frac{3}{4}$이 몇 개?'를 구할 때

분수 $\frac{3}{4}$의 분모 4는 전체 사과 20개를 네 등분, 즉 4묶음을 말한다. 분자 3은 전체 4묶음 가운데 3묶음을 뜻한다. 따라서 20(개)÷4(묶음)=5(개/묶음)에서 한 묶음은 5개이고, 구하는 사과 개수는 3묶음이므로 5×3=15(개)이다.

문제 2 다음 물음에 답하시오.

(1) 엽서 12장의 $\frac{2}{3}$는 몇 장일까?

(2) 엽서 24장의 $\frac{1}{4}$은 몇 장일까?

　　$\frac{3}{4}$은 몇 장인가?

(3) 쿠키 30개의 $\frac{3}{5}$은 몇 개인가?

 나눗셈 개념의 재발견

1) 분수는 나눗셈의 다른 표현이다.

　예　$\frac{1}{2}$=1÷2,　$\frac{2}{3}$=2÷3,　$\frac{4}{5}$=4÷5

2) 분수는 전체를 똑같이 나누(등분)었을 때 등분한 조각의 개수를 가리킨다.

　예　$\frac{1}{2}$은 전체를 이등분한 조각 하나(1)를 가리킨다.

　　　$\frac{2}{3}$는 전체를 삼등분한 조각 둘(2)을 가리킨다.

　　　$\frac{4}{5}$는 전체를 오등분한 조각 넷(4)을 가리킨다.

자연수의 도입과는 전혀 다른 분수의 도입

용어에 들어 있듯 자연수 개념은 정말 자연스럽게 형성된다. 개수 세기라는 일상적 경험으로부터 자연수 개념이 서서히 형성되고, 시간이 지난 후에 비로소 아라비아 숫자로 표기하는 법을 익힌다. 이 과정이 너무나 자연스러워 마치 태어날 때부터 알고 있었던 듯 착각을 불러일으키지만, 당연히 학습에 의해 후천적으로 획득된 개념이다.

그런데 분수는 자연수와 다르게 개념과 표기를 동시에 습득해야 한다. 아니, 어쩌면 개념보다 표기가 먼저일 수도 있다. 다음과 같이 분수는 나눗셈의 또 다른 표현이기 때문이다.

"자연수 a를 자연수 b로 나누는 나눗셈 a÷b에서 나눗셈 기호 대신 하나의 선을 긋고 그 위와 아래에 두 개의 자연수 a와 b가 들어 있는 분수 $\frac{a}{b}$로 표기한다."

다시 말하면, 분수 $\frac{a}{b}$의 분모와 분자인 두 자연수 a와 b는 각각 나눗셈의 피제수와 제수이고, 이 둘을 구분하는 선 '−'은 나눗셈 기호인 ÷에서 유래되었다.

아이들이 분수를 어려워하는 이유 가운데 하나는, 분수가 '나눗셈의 또 다른 표현'이라는 것을 전혀 무시한 채 느닷없이 갑자기 하나의 '수'로 제시하기 때문이다. 이전까지 자연수만 다루던 아이들은 새로운 분수를 접하고 당황할 수밖에 없다.

다시 강조하지만, 분수는 자연수나 정수 또는 유리수나 실수와 같은 '수 체계(number system)'에 들어 있는 수가 아니라 일종의 표기에서 비롯되었다. 대부분의 분수가 유리수로 사용되기 때문에, 유리수 개념이 형성되면 이것과 맞물릴 수밖에 없어 어쩔 수 없이 분수를 하나의 수로 인식하게 된다. 하지만 무리수를 나타낼 때에도 분수가 사용될 수 있는 것에 비추어볼 때, 분수를 오직 유리수와 관련짓는 것은 무리다. 이에 대해서는 마지막 4절에 기술하였다.

등분의 지나친 강조가 오개념으로!

초등학교에서 분수는 나눗셈과는 무관하게 오로지 '전체−부분의 관계'로만 도입된다. 이때 아래에 제시된 교과서 문제와 같이 삼각형, 사각형, 원 등의 기하학적 도형을 제시하고 똑같이 나누어보라고 요구한다. 등분의 중요성을 강조하려는 의도는 충분히 짐작되지만, 도형의 등분을 지나치게 강조하는 것은 오히려 분수에 대한 오개념을 형성할 수 있음을 지적하지 않을 수 없다. 도형은 어디까지나 분수 개념의 도입을 위한 잠정적인 모델에 불과하다는 것을 간과하지 말라는 것이다.

분수가 넓이의 등분에 적용되는 경우는 거의 없을 뿐 아니라, 설혹 있다 해도 실제로는 정확한 등분이 아닌 어림으로 적용된다. 다음 예를 보라.

"벨기에는 넓이가 대한민국의 약 $\frac{3}{10}$이고 인구는 약 1,154만 명으로 우리의 $\frac{11}{50}$ 정도밖에 되지 않는 작은 나라다."

사용된 분수가 모두 어림한 근삿값에 기반한 것이니, 교과서에 제시된 것처럼 도형의 넓이에 대한 등분을 지나치게 강조할 필요가 없음을 보여준다.

선생님만 보세요!

'6의 $\frac{1}{3}$'이 아니라 '6개의 $\frac{1}{3}$'!

아이들이 분수를 어려워하는 또 다른 이유는 어처구니없지만 교과서의 오류 때문이다.

136쪽 그림에서와 같이 "9의 $\frac{1}{3}$은 얼마라고 생각하나요?"라는 교과서 문제를 예로 들어보자.

지도서에 의존하는 대부분의 교사들은, "분모 3으로 9를 나누면 된다."고 풀이 절차를 제시한다. 하지만 이 풀이는 2년 후인 5학년에서 배우는 분수의 곱셈 $9 \times \frac{1}{3}$과 다르지 않다. 그렇다면 2년 후의 수학을 미리 배운다는 것인가?

이 두 문제 사이의 차이가 무엇일까? 그리고 '의'라는 조사는 곱셈을 뜻하는 것일까? 만일 그렇다면 왜일까?

이러한 일련의 의문을 제대로 설명하는 사례를 보기는 거의 불가능하다. 왜냐하면 이러한 문장 자체가 원래부터 수학적 오류를 담고 있기 때문이다. 예를 들어, "100의 2는 얼마인가?"라는 질문에 답해보라. 이를 200이라고 답할 수 있을까? 문장에 들어 있는 조사 '의'가 곱셈이므로 $100 \times 2 = 2000$이라고 주장하는 것이다. 과연 그럴까? 100의 2는 $\frac{2}{100}$ 또는 $\frac{1}{50}$ 이라고 답하면 틀린 것일까?

만일 문제의 의도가 곱셈을 뜻한다면, "100의 2배는 얼마인가?" 또는 "100 곱하기 2는 얼마인가"라고 표현해야만 한다. "100의 2"를 곱이라고 주장할 근거는 어디에도 없고, 문법에도 맞지 않는 비문(非文)이며 수학적으로 올바른 문장이 아니다.

그렇다면 어떻게 해야 할까? 아이들에게 '얼마라고 생각하나요?'라고 묻는 생뚱맞은 질문은 그렇다 치

분수만큼을 알아봅시다.

- 전체의 $\frac{1}{3}$ 만큼을 묶어 보세요.

- 9의 $\frac{1}{3}$ 은 얼마라고 생각하나요?

- 어떻게 구했는지 이야기해 보세요.

더라도 '9의 $\frac{1}{3}$ '은 다음과 같이 수정되어야 마땅하다.

"병아리 9마리의 $\frac{1}{3}$ 은 몇 마리인가?"

사실 이는 그림에 제시된 연속량에서 분수 $\frac{1}{3}$ 만큼 색칠하는 문제, 즉 '전체의 $\frac{1}{3}$ 만큼 묶어보세요'와 다르지 않다. 이 경우에는 연속량에서 '전체'가 무엇인지를 제시된 그림에서 한눈에 파악할 수 있는데,

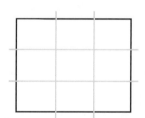

그렇다면 위의 문제도 "병아리 9마리의 $\frac{1}{3}$ 은 몇 마리인가?"라고 전체를 제시해야만 마땅하다.

분수, 자연수와 어깨를 나란히!

분수 $\frac{2}{3}$ 는 전체를 3조각으로 등분하였을 때 2조각이므로 자연수 1보다 작은 양을 나타냅니다. 또한 분수 $\frac{2}{3}$ 는 두 자연수의 나눗셈인 2÷3을 나타낸 것이라고 배웠습니다. 그렇다면 분수는 자연수와 어떤 관계일까요? 자연수도 분수로 나타낼 수 있을까요? 자연수에서 활용했던 수직선에 분수를 나타내어 분수와 자연수의 관계를 살펴봅시다.

① 분자가 1인 단위분수

나뉘는수(피제수)가 1이고, 나누는수(제수)가 1보다 큰 자연수인 나눗셈을 나열하면 다음과 같습니다.

$$1 \div 2 = \frac{1}{2}, \quad 1 \div 3 = \frac{1}{3}, \; 1 \div 4 = \frac{1}{4}, \; \cdots$$

$\frac{1}{2}, \; \frac{1}{3}, \; \frac{1}{4}, \; \cdots$ 과 같이 '분자가 1인 분수'를 '단위분수'라고 해요. 이들 단위분수는 전체를 분모의 숫자만큼 등분하였을 때 그중 한 조각을 가리킵니다. 따라서 그 크기는 분명히 1보다 작겠죠. 다음 그림은 단위분수를 수 막대로 나타낸 거예요. 각각의 크기를 확인해 보세요.

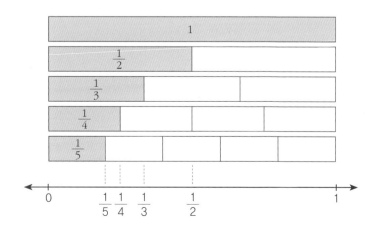

위의 그림에서와 같이 단위분수를 수직선 위에 나타낼 수 있습니다.

단위분수의 크기
$$1 > \frac{1}{2} > \frac{1}{3} > \frac{1}{4} > \frac{1}{5} \cdots$$

단위분수는 분모가 클수록 당연히 그 크기가 작다!

+더 알아보기+

수직선 이야기

지금까지 우리가 사용한 수직선은 한자로 **數直線**(수직선)을 말해요. 도형에서의 **垂直線**(수직선)과 구별하여 수:–직선이라고 길게 발음해야 합니다.

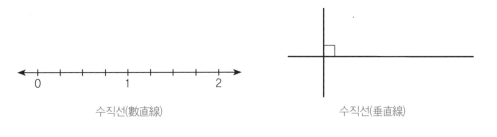

수직선(數直線)   수직선(垂直線)

분수의 덧셈도 자연수 덧셈과 같은 방법으로 수직선 위에 나타낼 수 있습니다.

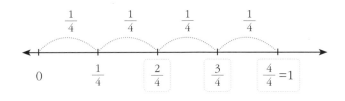

$$\frac{1}{4} + \frac{1}{4} = \frac{2}{4} \qquad \frac{1}{4} + \frac{1}{4} + \frac{1}{4} = \frac{3}{4} \qquad \frac{1}{4} + \frac{1}{4} + \frac{1}{4} + \frac{1}{4} = \frac{4}{4} = 1$$

분자와 분모가 같은 분수 $\frac{4}{4}$ 는 자연수 1과 같습니다.

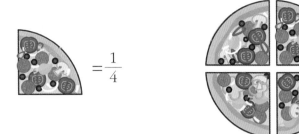

$$\frac{1}{4}+\frac{1}{4}+\frac{1}{4}+\frac{1}{4}$$

 단위분수의 덧셈

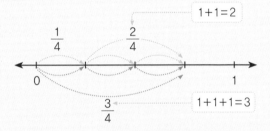

1) 단위분수 $\frac{1}{4}$ 은 수직선 위의 한 칸이다.

2) 단위분수 $\frac{1}{4}$ 을 오른쪽으로 두 칸 이동하면 분수 $\frac{2}{4}$ 이다.

$$\frac{1}{4} + \frac{1}{4} = \frac{2}{4}$$

3) 단위분수 $\frac{1}{4}$ 을 오른쪽으로 세 칸 이동하면 분수 $\frac{3}{4}$ 이다.

$$\frac{1}{4} + \frac{1}{4} + \frac{1}{4} = \frac{3}{4}$$

문제 3 다음 분수들을 수직선 위에 어림으로 나타내고 크기순으로 나열하시오.

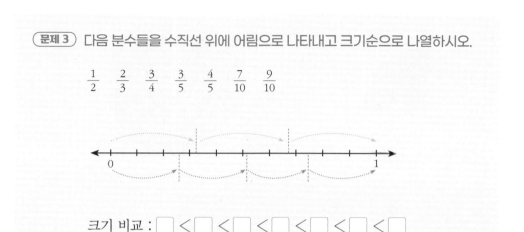

$$\frac{1}{2} \quad \frac{2}{3} \quad \frac{3}{4} \quad \frac{3}{5} \quad \frac{4}{5} \quad \frac{7}{10} \quad \frac{9}{10}$$

크기 비교 : □ < □ < □ < □ < □ < □ < □

2 가분수와 대분수 : 분수가 1보다 크거나 같다!

1) 가분수 : 1보다 크거나 같은 분수

분수의 분모는 전체를, 분자는 부분을 나타내므로 당연히 분모가 분자보다 크겠죠. 그런데 단위분수의 덧셈을 거듭하다 보면 분자가 분모보다 크거나 같은 분수가 나타납니다.

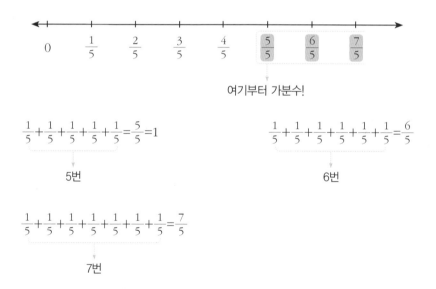

여기부터 가분수!

$$\frac{1}{5} + \frac{1}{5} + \frac{1}{5} + \frac{1}{5} + \frac{1}{5} = \frac{5}{5} = 1$$

5번

$$\frac{1}{5} + \frac{1}{5} + \frac{1}{5} + \frac{1}{5} + \frac{1}{5} + \frac{1}{5} = \frac{6}{5}$$

6번

$$\frac{1}{5} + \frac{1}{5} + \frac{1}{5} + \frac{1}{5} + \frac{1}{5} + \frac{1}{5} + \frac{1}{5} = \frac{7}{5}$$

7번

$\frac{5}{5}, \frac{6}{5}, \frac{7}{5}, \frac{8}{5}, \cdots$ 과 같이 분자가 분모보다 크거나 같은 분수를 '가분수'라 합니다. 반면에 가분수가 아닌 분수 $\frac{1}{5}, \frac{2}{5}, \frac{3}{5}, \frac{4}{5}$는 '진분수'라고 합니다.

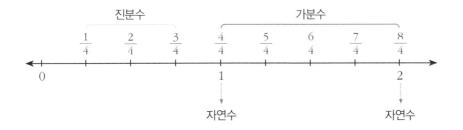

2) 대분수 : 자연수와 진분수의 합으로 나타낸 분수

가분수는 다음과 같이 자연수와 진분수의 합으로도 나타낼 수 있습니다.

$$\frac{8}{7} = \frac{7+1}{7} = \frac{7}{7} + \frac{1}{7} = 1 + \frac{1}{7} = 1\frac{1}{7}$$

가분수   자연수   진분수   진분수   대분수

가분수 $\frac{8}{7}$ 을 $1+\frac{1}{7}$ 과 같이 자연수와 진분수의 합으로 나타낸 다음, 덧셈 기호 '+'를 생략하여 $1\frac{1}{7}$ 으로 나타내고 이를 '대분수'라고 합니다. 다음 문제에서 가분수와 대분수의 관계를 연습해 보세요.

(문제 4)

(1) 다음 수직선 위의 수를 가분수와 대분수로 모두 나타내시오.

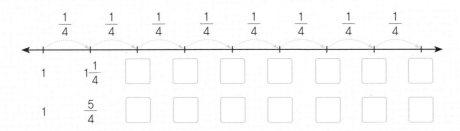

(2) 대분수는 가분수로, 가분수는 대분수로 나타내시오.

① $1\frac{2}{3}$ (   )   ② $2\frac{4}{5}$ (   )

③ $\frac{13}{4}$ (   )   ④ $\frac{13}{6}$ (   )

가분수는 가짜분수? 대분수는 큰 분수? NO!

1보다 작은 양을 나타내는 분수는 분자가 분모보다 작은데, 이를 진분수라고 합니다. 한편, 분자가 분모보다 큰 분수는 가분수라 합니다. 이때 '진분수'의 진(眞)은 참 또는 진짜라는 뜻보다는 '원래' 또는 '본연의'라는 뜻이고, 가분수의 가(假)는 거짓이나 가짜라는 뜻이 아니라 원래 분수에서 벗어났다는 뜻으로 사용됩니다. 임시로 지어 놓은 건물을 가건물이라 하듯이, 자연수와 진분수의 합인 대분수로 바꿀 수 있기 때문에 가분수라는 용어를 사용한 것이죠.

한편 '허리에 두르는 띠'를 '혁대'라 하는 것처럼, 대분수의 한자 대(帶)는 '띠'라는 뜻으로 사용되었습니다. 자연수가 마치 허리에 있는 띠처럼 덧셈 기호도 없이 진분수 옆에 놓여 있음을 나타낸 거예요.

진분수 : 분자가 분모보다 작은 분수 $\frac{1}{5}, \frac{2}{5}, \frac{3}{5}, \frac{4}{5}, \cdots$

가분수 : 분자가 분모보다 크거나 같은 분수 $\frac{5}{5}, \frac{6}{5}, \frac{7}{5}, \frac{8}{5}, \cdots$

대분수 : 가분수를 자연수와 진분수의 합으로 나타낸 수 $1\frac{1}{7}, 2\frac{4}{5}, \cdots$

---

❸ 대분수는 왜 필요할까?

그런데 가분수를 대분수로 바꾸면 어떤 이점이 있을까요?

분수의 크기를 어림할 때 대분수 표기가 유용합니다. 예를 들어 가분수 $\frac{137}{5}$은 크기가 어느 정도인지 즉시 파악하기가 어려워요. 그래서 가분수 $\frac{137}{5}$을 다음과 같이 대분수로 바꿔 보았습니다.

$$\frac{137}{5} = \frac{5 \times 27 + 2}{5} = 27 + \frac{2}{5} = 27\frac{2}{5}$$

이렇게 가분수 $\frac{137}{5}$를 대분수 $27\frac{2}{5}$로 바꾸었더니, 27보다 크지만 28보다 작은 수라는 것을 금세 알 수 있습니다.

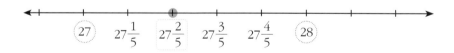

이렇듯 가분수를 대분수로 바꾸면 그 크기가 어느 정도인지 대강 어림할 수 있습니다.

분수는 숫자다!

수의 범위는 초등학교 수학에서 '자연수', 중학교에서 '정수' '유리수' '무리수' '실수', 그리고 고등학교에서 '허수'를 도입하여 '복소수'까지 확장한다. 그런데 이 과정에서 정작 '분수'라는 용어는 어디에도 들어 있지 않다. 정말 이상하지 않은가? 그 이유는 무엇일까?

앞에서 밝혔듯이 분수 표기에 사용하는 '—'는 나눗셈 기호 '÷'를 대신한 것으로, 분수는 나눗셈을 나타낸 것이다. 모든 자연수 1, 2, 3, …을 $\frac{2}{2}$, $\frac{6}{3}$, $\frac{12}{4}$, …과 같이 분수로 나타낼 수 있는 것도 몫이 자연수인 나눗셈으로 나타낼 수 있기 때문이다.

이렇게 원래 분수는 수를 표기하는 하나의 방식으로, 자연수만으로는 나타낼 수 없는 0과 1 사이의 수량, 1과 2 사이의 수량을 나타내기 위한 숫자다. 소수도 그런 숫자 가운데 하나다.

그런데 꿩 대신 닭이라고 초등학교에서는 분수가 도입되면서 실질적으로 중학교에서 배우는 유리수까지 다룰 수 있게 되었다. 자연수와 함께 분수를 수직선 위에 나타낼 수 있게 된 것이다.

사실 수직선은 자연수뿐 아니라 자연수를 대상으로 하는 사칙연산도 나타낼 수 있다는 점에서 매우 유용한 모델이다. 그런데 이 수직선 위에 분수(실제는 유리수)까지 나타낼 수 있으니 더할 나이 없이 유용한 모델임은 분명하다.

하지만 수직선 모델에 익숙하지 않은 아이들의 거부감을 해소하기 위해 신중한 접근을 해야 하며 나름의 전략이 필요하다. 이 책에서 피자나 수막대를 이용하여 분자가 1인 단위분수 개념을 익힌 후에 점진적으로 가분수와 대분수를 수직선 위에 나타내도록 한 것은 이를 의식한 것이다.

진분수, 가분수, 대분수

진분수는 원래 영어의 proper fraction을, 가분수는 improper fraction을 번역한 용어다. 'proper'는 '진짜'라는 뜻보다는 '원래의' 또는 '적절하다'는 뜻이고, 'improper'는 반대어로 '부적절한' 또는 '원래의 의미와는 거리가 멀다'는 뜻을 갖는데, 수학 용어에서 자주 등장하는 proper의 예를 들면 다음과 같다.

proper divisor : 자기 자신을 제외한 약수(divisor). 예를 들어 6의 약수 1, 2, 3, 6 가운데 자기 자신인 6을 제외한 1, 2, 3을 가리킨다. 하지만 우리나라에서는 '진약수'라는 용어를 사용하지 않는다.

proper subset : 진부분집합. 어떤 집합의 부분집합 가운데 자기 자신을 제외한 부분집합을 말한다. 예를 들어 집합 A={1, 2}의 부분집합 가운데, 자기 자신인 A를 제외한 부분집합 { }, {1}, {2}가 진부분집합(proper subset)이다.

진분수(proper fraction)도 같은 맥락의 용어로서 전체–부분의 관계를 나타내는, 즉 분자가 분모보다 작은 분수다. 반면에 가분수(improper fraction)는 진분수를 제외한 분수, 즉 분자가 분모보다 크거나 같은 분수를 가리킨다. 앞에서 언급한 것처럼 한자어 '진(眞)'과 '가(假)'는 '진짜'와 '가짜'라는 의미가 아니라

'원래 또는 본연의'라는 뜻과 그 반대의 뜻으로 사용되었다.

한편 대분수는 영어로 mixed fraction, 즉 자연수와 진분수가 혼합되었다는 뜻을 갖는다. 그런데 이를 번역한 한자어 대(帶)는 여기서 한 걸음 더 나아가, 분수 옆에 붙어 있는 자연수가 마치 허리에 두른 혁대와 같다고 하여 대(帶)분수라고 번역한 것으로, 크다는 뜻의 대(大)와는 전혀 무관하다.

반드시 대분수로 고쳐야 할까?

학교 현장에서는 수학시험 문제의 답을 제시할 때 가분수를 반드시 대분수로 바꾸어야 한다고 주장하는 것을 간혹 볼 수 있다. 왜 그래야만 하는지 그 이유를 제대로 밝힌 것을 찾기는 어렵고 단지 관례라고만 한다. 초등학교에서만 잠깐 등장하고 이후의 중고등학교 수학에서는 전혀 등장하지 않는 대분수를 왜 그토록 강조하는 것일까?

짐작하건대 초등학교에서 수의 범위가 자연수에 국한되어 있기에 분수를 자연수와 연계하기 때문일 것이다. 따라서 초등학교에서 가분수를 대분수로 변환하는 것은 주어진 분수가 어느 자연수에 가까이 있는지 파악하기 위한 것으로 자연수의 관점에서 분수를 다루어야 하기 때문이라고 추측할 수 있다. 그렇다면 가분수를 반드시 대분수로 바꿔야 한다고 무작정 엄격하게 강요할 필요는 없다. 대분수로 바꿔 자연수와의 연계를 유도하는 상황을 조성하는 것으로 충분하다.

$\frac{5}{4}$ 는 $\frac{1}{4}$ 이 다섯 '개'가 아니라 $\frac{1}{4}$ 의 다섯 '배'!

$\frac{2}{3}$, $\frac{3}{4}$ 과 같은 가분수의 도입은 수직선 모델에서 단위분수의 덧셈을 이용했다. 이미 경험한 자연수 덧셈을 가분수 도입에 그대로 적용한 것이다.

예를 들어, 가분수 $\frac{5}{4}$ 를 단위분수 $\frac{1}{4}$ 이 수직선 위에서 오른쪽으로 다섯 번 이동한 것으로 간주하여, $\frac{1}{4}+\frac{1}{4}+\frac{1}{4}+\frac{1}{4}+\frac{1}{4}=\frac{1+1+1+1+1}{4}=\frac{5}{4}$ 로 나타낸 것이다.

그런데 교과서에 "$\frac{5}{4}$ 는 $\frac{1}{4}$ 이 다섯 개"라고 표현한다. 하지만 '다섯 개'는 구체적 대상의 개수를 가리키므로 이는 잘못된 기술이다. 짐작컨대 "$\frac{5}{4}$ 를 나타내는 피자 조각은 $\frac{1}{4}$ 을 나타내는 조각 다섯 개"라는 상황을 떠올려 그런 표현을 사용한 것 같다. 그러나 분수를 가르치기 위한 수단으로 선택한 피자나 사과와 같은 구체적인 사물과, 분수라는 추상적 개념은 구분해야 한다. 분수를 '다섯 개'라고 표현하는 것이 적절하지 않다는 것이다. 그렇다면 이를 어떻게 표현하는 것이 좋을까?

몇 개라는 표현은 피자 조각과 같은 구체적인 대상에 적용되기 때문에, 추상적인 개념의 분수는 "$\frac{2}{3}$ 는 $\frac{1}{3}$ 의 두 배다"라는 식으로 표현하는 것이 적절하다. 곱셈에서 배웠던 '배'라는 용어를 사용해 단위분수의 몇 배라고 표현해야 한다.

📖 초등수학 재발견

분수의 덧셈과 뺄셈도
자연수 덧셈과 뺄셈처럼?

분수를 어려워하는 친구들이 많아요. 하지만 자연수에서 익숙하게 사용했던 수직선을 이용하면 자연수에서의 원리가 그대로 이어진다는 것을 실감할 수 있을 거예요. 특히 분모가 같은 분수의 덧셈과 뺄셈은 결국 분자끼리의 덧셈과 뺄셈이므로, 자연수의 덧셈과 뺄셈과 다르지 않습니다.

1 수직선 위에서 분모가 같은 분수의 덧셈

분모가 같은 분수의 덧셈 과정은 자연수와 같아요. 예를 들어 $\frac{4}{5}+\frac{3}{5}$과 같은 '진분수끼리의 덧셈'을 다음과 같이 수직선 위에 나타낼 수 있습니다.

$$\frac{4}{5}+\frac{3}{5}=\frac{7}{5}=\frac{5+2}{5}=1+\frac{2}{5}=1\frac{2}{5}$$

분모가 같은 '진분수의 덧셈'은 분자끼리만 더하면 됩니다. 분모는 1이라는 전체를 몇 등분하였는가를 나타내므로, 분수 덧셈에서는 분모가 변하지 않습니다.

한편 대분수 $1\frac{3}{5}$은 자연수 1과 진분수 $\frac{3}{5}$의 합을 나타낸 분수입니다. 그러므로 $1\frac{3}{5}+\frac{1}{5}$과 같은 대분수의 덧셈은, 대분수를 자연수와 진분수를 분리하여 진분수끼리 더한 후에 다시 대분수로 나타냅니다. 이것도 수직선에서 확인해 보세요.

$$1\frac{3}{5}+\frac{1}{5}=1+\frac{3}{5}+\frac{1}{5}=1+\frac{3+1}{5}=1+\frac{4}{5}=1\frac{4}{5}$$

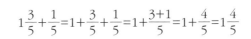

분수의 덧셈 결과가 가분수여도 어렵지 않아요. 대분수로 바꾸면 되죠.

$$2\frac{3}{7}+1\frac{5}{7}=2+\frac{3}{7}+1+\frac{5}{7}=3+\frac{8}{7}=3+1+\frac{1}{7}=4\frac{1}{7}$$

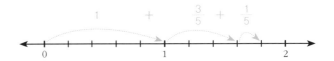

덧셈의 마지막 과정에서 진분수 $\frac{3}{7}$과 진분수 $\frac{5}{7}$의 합이 1을 넘는 가분수 $\frac{8}{7}$이므로 대분수로 바꾸는 걸 잊지 마세요.

 분모가 같은 분수의 덧셈

분모가 같은 분수의 덧셈은, 분모는 그대로이고 분자끼리만 더한다.

이때 분자끼리 덧셈은 자연수의 덧셈과 같다!

문제 5 다음을 구하시오.

(1) $2\frac{1}{5}+1\frac{2}{5}$

(2) $3\frac{3}{4}+\frac{3}{4}$

(3) $2\frac{5}{7}+3\frac{4}{7}$

(4) $1\frac{4}{7}+\frac{5}{7}$

❷ 수직선 위에서 분모가 같은 분수의 뺄셈

분모가 같은 분수의 뺄셈두 자연수의 뺄셈 원리와 같아요. 역시 수직선에서 확인해 봅시다.

$$\frac{5}{7}-\frac{3}{7}=\frac{5-3}{5}=\frac{2}{7}$$

덧셈과 마찬가지로 분모는 1이라는 전체를 몇 등분하였는가를 나타내므로 분수의 뺄셈에서 분모가 변하지 않습니다.

분모가 같은 대분수의 뺄셈도 마찬가지예요. $2\frac{5}{7}-1\frac{3}{7}$을 다음 두 가지 방법으로 풀이할 수 있습니다.

① 빼는 수가 대분수 $1\frac{3}{7}$, 즉 $1+\frac{3}{7}$이므로 자연수 1을 먼저 빼고 그 다음에 진분수 $\frac{3}{7}$을 뺍니다.

$$2\frac{5}{7}-1\frac{3}{7}=2\frac{5}{7}-(1+\frac{3}{7})=2\frac{5}{7}-1-\frac{3}{7}=1\frac{5}{7}-\frac{3}{7}=1\frac{5-3}{7}=1\frac{2}{7}$$

② 자연수는 자연수끼리, 진분수는 진분수끼리 뺄셈을 하여 답을 얻을 수도 있습니다.

$$2\frac{5}{7}-1\frac{3}{7}=(2+\frac{5}{7})-(1+\frac{3}{7})=(2-1)+(\frac{5-3}{7})=1+\frac{2}{7}=1\frac{2}{7}$$

이처럼 빼는 수가 대분수인 분수의 뺄셈은 ①과 같이 자연수를 먼저 뺀 다음에 진분수를 차례로 빼거나 ②와 같이 자연수는 자연수끼리, 진분수는 진분수끼리 뺄셈을 할 수도 있습니다.

그런데 대분수의 뺄셈 $3\frac{2}{7}-1\frac{5}{7}$와 같이 빼는 수의 진분수가 더 큰 경우에는 한 단계가 더 필요합니다.

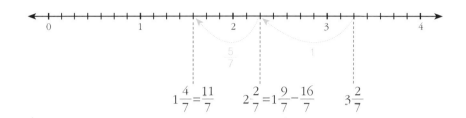

$$1\frac{4}{7}=\frac{11}{7} \qquad 2\frac{2}{7}=1\frac{9}{7}-\frac{16}{7} \qquad 3\frac{2}{7}$$

수직선에서 대분수를 가분수로 바꾸는 것에 주목하세요. 빼는 수 $\frac{5}{7}$가 빼어지는 수 $\frac{2}{7}$보다 크기 때문에 대분수를 가분수로 바꿔 계산합니다.

$$3\frac{2}{7}-1\frac{5}{7}=(3+\frac{2}{7})-(1+\frac{5}{7})=(3-1)+(\frac{2}{7}-\frac{5}{7})=2+(\frac{2}{7}-\frac{5}{7})=1+(\frac{9}{7}-\frac{5}{7})=1\frac{4}{7}$$

물론 얼마든지 다른 풀이도 가능합니다. 아예 처음부터 가분수로 바꿔 뺄셈을 할 수도 있어요. 다음 풀이를 위와 비교해 보세요.

$$3\frac{2}{7}-1\frac{5}{7}=\frac{23}{7}-\frac{12}{7}=\frac{11}{7}=1\frac{4}{7}$$

분수와 자연수의 덧셈과 뺄셈 과정 비교

분수의 뺄셈, 특히 대분수의 뺄셈에서는 가분수와 대분수 사이의 자유로운 변환이 핵심이다. 이는 자연수 뺄셈에서의 받아내림 원리와 유사한데, 분수와 자연수의 덧셈과 뺄셈 과정을 다음에서 비교해보자.

자연수의 덧셈

$$27+35=(20+7)+(30+5)$$
$$=(20+30)+(7+5)$$
$$=(50+10)+2=62$$

① 십의 자리 수와 일의 자리 수 분리
② 십의 자리 수끼리, 일의 자리 수끼리
③ 십의 자리로 받아올림

자연수의 뺄셈

$$43-18=(40+3)-(10+8)$$
$$=(40-10)+(3-8)$$
$$=(30-10)+(13-8)=20+5=25$$

① 십의 자리수와 일의 자리수 분리
② 십의 자리수끼리, 일의 자리수끼리
③ 일의 자리로 받아내림

대분수 덧셈

$$2\frac{3}{7}+1\frac{5}{7}=(2+\frac{3}{7})+(1+\frac{5}{7})$$
$$=(2+1)+(\frac{3}{7}+\frac{5}{7})$$
$$=3+\frac{8}{7}$$
$$=3+(1+\frac{1}{7})=4\frac{1}{7}$$

① 자연수와 진분수의 분리
② 자연수끼리, 진분수끼리
③ 가분수는 대분수로

대분수 뺄셈

$$3\frac{2}{7}-1\frac{5}{7}=(3+\frac{2}{7})-(1+\frac{5}{7})$$
$$=(3-1)+(\frac{2}{7}-\frac{5}{7})$$
$$=(2-1)+(1\frac{2}{7}-\frac{5}{7})$$
$$=1+(1+\frac{2}{7})-\frac{5}{7}$$
$$=1+\frac{9}{7}-\frac{5}{7}$$
$$=1+\frac{4}{7}=1\frac{4}{7}$$

① 자연수와 진분수의 분리
② 자연수끼리, 진분수끼리
③ 진분수는 가분수로

1장에서 '정수'라는 새로운 수를 만났어요. 정수를 만났기 때문에 자연수에서는 불가능했던 뺄셈 3-5의 답을 구할 수 있게 되었습니다. 이제 정수보다 더 넓은 수, '유리수'를 만나게 됩니다.

유리수는 어떤 수일까요? 유리수를 만나려면 '소수'가 꼭 필요한데, 소수에는 '유한소수'와 '무한소수'가 있습니다. 먼저 소수 이야기부터 시작합니다.

① 유한소수와 무한소수

아라비아 숫자 표기법의 특징은 놓여 있는 자리에 따라 그 값이 다르다는 거예요. 덕분에 0부터 9까지, 단 열 개의 기호로 모든 수를 나타낼 수 있어요.

각각의 자릿값은 왼쪽으로는 10배씩 증가하고 오른쪽으로는 $\frac{1}{10}$배씩 감소합니다. 예를 들어 111.111의 경우를 살펴봅시다.

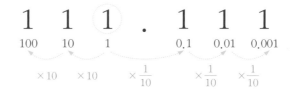

일의 자리 숫자 1을 기준으로 왼쪽으로는, 차례로 10배한 수 10, 100, 1000을 나타냅니다. 거꾸로 오른쪽으로는, 차례로 $\frac{1}{10}$배한 수 $\frac{1}{10}$, $\frac{1}{100}$, $\frac{1}{1000}$을 나타내며 이들을 소수 0.1, 0.01, 0.001로 표기합니다. 이렇게 소수는 분수와 밀접한 관련이 있어요. 그렇다면 이제 분수를 소수로, 소수를 분수로 나타내 볼까요?

1) 분수를 소수로 나타내기

먼저 분수 $\frac{1}{4}$을 소수로 나타내 봅시다. 앞에서 분수는 나눗셈의 또 다른 표현이라고 하였던 것을 기억하죠? 그렇다면 나눗셈으로 분수의 값을 알 수 있다는 것이죠. 나눗셈을 해보세요. 그러면 분수를 소수로 바꿀수 있어요.

분수 $\frac{1}{4}$은 나눗셈 $1 \div 4$와 같습니다. 오른쪽과 같이 계산하니 나머지 없이 딱 떨어지네요. 따라서 $\frac{1}{4} = 1 \div 4 = 0.25$입니다.

$$\begin{array}{r} 0.25 \\ 4\overline{)1.0} \\ -\ 8 \\ \hline 20 \\ -\ 20 \\ \hline 0 \end{array}$$

이제 분수 $\frac{1}{3}$을 소수로 나타내 봅시다. 분수 $\frac{1}{3}$은 나눗셈 $1 \div 3$과 같습니다. 오른쪽과 같이 계산하니, 이번에는 나누어 떨어지지 않고, 소수점 이하의 숫자가 계속됩니다. 따라서 $\frac{1}{3} = 0.33333 \cdots$입니다.

이처럼 소수점 아래의 숫자가 무한히 계속되는 소수를 '무한소수'라고 해요. 무한소수가 아닌 소수는 '유한소수'라 합니다. 따라서 분수 $\frac{1}{4}$을 소수로 나타내면 유한소수이고, $\frac{1}{3}$을 소수로 나타내면 무한소수입니다.

$$\begin{array}{r} 0.333 \\ 3\overline{)1.0} \\ -\ 9 \\ \hline 10 \\ -\ 9 \\ \hline 10 \\ -\ 9 \\ \hline 1 \end{array}$$

그런데 $0.33333 \cdots$처럼 소수점 아래에서 똑같은 숫자가 반복될 때는 반복되는 숫자 위에 점을 찍어서 $0.\dot{3}$으로 표기합니다. 만약 0.3245245245라면 245가 반복되므로, $0.3\dot{2}4\dot{5}$라고 표기할 수 있습니다.

무한소수의 예를 더 들어볼까요?

$$\frac{1}{6} = 0.1666 \cdots = 0.1\dot{6} \qquad \frac{1}{7} = 0.142857142857 \cdots = 0.\dot{1}4285\dot{7}$$

무한소수 $0.1\dot{6}$은 소수점 이하의 6이 무한히 반복되고, $0.\dot{1}4285\dot{7}$은 142857이 무한히 반복됩니다. 이렇게 소수점 이하에서 같은 숫자가 반복되는 소수를 '순환하는 무한소수'라고 합니다.

한편, 무한소수 가운데 순환하지 않아 일정한 규칙이 없는 수들이 있답니다. 이를 '순환하지 않는 무한소수'라고 하는데요, 대표적인 예가 원주율 $\pi = 3.141592 \cdots$예요. 순환하지 않는 무한소수는 '무리수'로, 무리수는 중학교 3학년 이차방정식에서 만나게 됩니다.

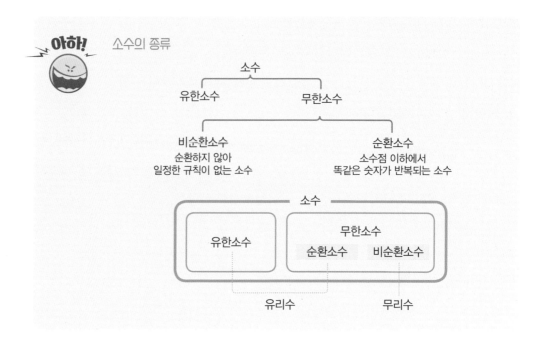

2) 소수를 분수로 나타내기

분수를 소수로 나타냈으니, 이제는 소수를 분수로 나타내 봅시다. 우선 유한소수 0.25를 분수로 나타내면 다음과 같습니다.

$$0.25 = 0.2 + 0.05$$

$$= \frac{2}{10} + \frac{5}{100} = \frac{20}{100} + \frac{5}{100} = \frac{25}{100} = \frac{1}{4}$$

이와 같이 분모가 10의 거듭제곱인 분수를 이용하면 유한소수를 분수로 간단히 나타낼 수 있습니다. 이는 십진법 수 체계를 이용한 것입니다.

그런데 무한소수 중에서 순환하는 무한소수를 분수로 나타내는 새롭고 간단한 기법이 있답니다. 무한소수 $0.\dot{3}$을 분수로 나타내는 다음 과정을 천천히 살펴보세요.

구하고자 하는 $0.\dot{3}$을 다음과 같이 A라 합시다.

$$0.33333\cdots = A \longrightarrow ①$$

아직 모르는 값이지만 마치 알고 있는 것처럼 A라 하였습니다.

①의 좌변과 우변에 똑같이 10을 곱합니다.

$$3.33333\cdots = 10A \longrightarrow ②$$

②-①을 하면 다음을 얻습니다.

$$3 = 9A \longrightarrow ③$$

③의 양변을 9로 나눕니다.

$$\frac{1}{3} = A \text{이다.}$$

따라서 구하는 값 A는 $0.33333\cdots = 0.\dot{3} = \frac{1}{3}$ 입니다.

> 등식의 좌변과 우변은 같은 값입니다. 좌변과 우변에 똑같이 10을 곱하여도 같은 값이므로 등식이 성립합니다. 그런데 왜 10을 곱했을까요? 이 부분이 풀이의 핵심이에요. 다음 단계에서 그 의도가 드러납니다.

> ①과 ②의 좌변에 있는, 소수점 이하에서 무한히 반복되는 숫자 3은 모두 같을 수밖에 없습니다. 따라서 두 식을 서로 빼면 소수가 모두 사라집니다. 정말 깜찍하고 영리한 발상이죠?

───── +더 알아보기+ ─────

미지수 A

아직 값을 모르는 것을 미지수라 합니다. 그런데 위의 풀이에서는 미지수를 마치 이미 알고 있는 것처럼 알파벳 문자 A라 놓고 풀이를 시작했습니다. 그리고 등식의 양변에 같은 값을 곱하거나 나누었어요. 아직 배우지 않은 등식의 성질을 이용한 거예요. 이러한 문제풀이 방식은 중학교 수학의 〈방정식〉 단원에서 자세히 다루는데, 다음 장의 마지막 부분에 있는 설명을 참조하세요.

그리고 위의 예제에서는 순환하는 숫자가 한 개일 때만 다루었습니다. 순환하는 숫자가 2개 이상인 무한소수를 분수로 바꾸는 방법도 중학교에서 자세히 다룹니다. 역시 다음 장의 마지막 부분의 설명을 참조하세요.

───────────────────

문제 6 다음 분수를 소수로, 그리고 소수는 분수로 나타내시오.

(1) $\frac{1}{9}$ (2) $\frac{5}{9}$ (3) 0.12

(4) 0.75 (5) $0.444\cdots$ (6) $0.666\cdots$

유한소수는 분수로 나타낼 수 있다. 무한소수 가운데 순환소수도 분수로 나타낼 수 있다. 그러나 원주율과 같이 순환하지 않는 무한소수는 분수로 나타낼 수 없다.(이를 확인하고 증명하려면 중학교 3학년까지 기다려야 한다. 여기서는 단지 이를 참이라고 받아들이자.)

$$\text{소수} \begin{cases} \text{유한소수} \longrightarrow \text{분수로 나타낼 수 있다.} \\ \text{무한소수} \begin{cases} \text{순환소수} \longrightarrow \text{분수로 나타낼 수 있다.} \\ \text{비순환소수} \longrightarrow \text{분수로 나타낼 수 없다.} \end{cases} \end{cases}$$

❷ 유리수

이제 소수에 대해 알았으니 새로운 수 '**유리수**'를 만날 시간이 되었습니다. 그럼 유리수의 수학적 정의부터 살펴볼까요?

$$\text{분자와 분모가 자연수인 분수 } \frac{B}{A} \text{로 나타낼 수 있는 수}$$

문장이 매우 까다롭네요. 이 문장에서 다음 두 가지에 주목하세요.
첫째, '분수'라고 단정하지 않고 '분수로 나타낼 수 있다'고 한 표현.
둘째, 분수의 분모와 분자가 자연수라는 조건.
(원래 음의 정수까지 수의 범위를 넓혀, 분모는 0이 아닌 정수이고 분자는 정수라고 해야 하지만 여기서는 자연수로 한정합니다.)

그렇다면 이 정의에 따라 "모든 자연수는 유리수"라고 말할 수 있을까요?
답은 "예"입니다. 모든 자연수는 '분모와 분자가 자연수'인 '분수로 나타낼 수' 있으니까요.

$$1 = \frac{1}{1} = \frac{2}{2} = \frac{3}{3} = \cdots$$

$$2 = \frac{2}{1} = \frac{4}{2} = \frac{6}{3} = \cdots$$

$$3 = \frac{3}{1} = \frac{6}{2} = \frac{9}{3} = \cdots$$

$$\cdots$$

모든 자연수 1, 2, 3, …은 분수로 나타낼 수 있습니다. 그것도 단 하나의 분수가 아니라 무수히 많은 분수로 나타낼 수 있습니다. 그러므로 당연히 모든 자연수는 유리수입니다.

한편 앞에서 '유한소수'를 분수로 나타내는 방법을 배웠습니다. 그러므로 유한소수는 모두 유리수입니다.

또한 '순환하는 무한소수' 또한 분수로 나타낼 수 있음을 확인했습니다. 그러므로 순환하는 무한소수도 유리수입니다.

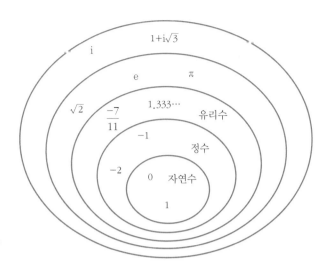

그러면 '순환하지 않는 무한소수'가 남았네요. 원주율과 같이 순환하지 않는 무한소수는 분수로 나타낼 수 없으므로 유리수가 아닙니다. 이런 수를 '무리수'라고 합니다.

중학교 3학년이 되면 유리수가 아닌 수를 왜 무리수라 하는지 알 수 있고, 이를 논리적으로 밝히는 '증명'이라는 것을 배우게 됩니다. 2000여 년 전 고대 그리스의 유클리드의 책에 제시되어 있던 이 증명법을 익힘으로써 드디어 수학이라는 학문의 세계에 본격적으로 발을 내딛게 되는 것이죠. 이때 약간의 인내심이 필요합니다!

무리수에 대한 이야기는 다음 책으로 미루고, 여기서는 유리수와 무리수를 구분할 수 있는지만 확인해 봅시다. 다음 중 분수, 소수, 유리수를 구분해 보세요.

$$0.2, \ \frac{1}{4}, \ 2\pi, \ \frac{5}{3}, \ \frac{\pi}{100}, \ 0.125125\cdots$$

- 0.2는 소수이며 분수 $\frac{1}{5}$로 나타낼 수 있습니다. 따라서 유리수입니다.
- $\frac{1}{4}$은 분모와 분자가 자연수인 분수이므로 유리수입니다.
- 2π는 원주율 $\pi=3.141592\cdots$의 2배로 순환하지 않는 무한소수입니다. 분모와 분자가 자연수인 분수로 나타낼 수 없으므로 유리수가 아닙니다.
- $\frac{5}{3}$는 분모와 분자가 자연수인 분수이므로 유리수입니다.
- $\frac{\pi}{100}=0.03141592\cdots$이므로 역시 순환하지 않는 무한소수입니다. 분모와 분자가 자연수

인 분수로 나타낼 수 없으므로 유리수가 아닙니다.

- 0.125125…는 순환하는 무한소수입니다. 따라서 분모와 분자가 자연수인 분수로 나타낼 수 있으므로 유리수입니다. 실제로 분수 $\frac{125}{999}$입니다. 이를 분수로 변환하는 자세한 방법은 중학교에 입학하여 본격적으로 배우게 됩니다.

따라서 분수는 $\frac{1}{4}$, $\frac{5}{3}$, $\frac{\pi}{100}$이고, 소수는 0.2와 0.125125…이며, 유리수는 0.2, $\frac{1}{4}$, $\frac{5}{3}$, 0.125125…입니다.

선생님만 보세요!

분수는 유리수가 아니며, 유리수도 분수가 아니다

유리수와 분수를 제대로 정확하게 구별하는 사람이 의외로 많지 않다. 수학 전공자들 가운데에서도 구별하지 못하는 사람을 심심찮게 발견하게 된다. 셀프 테스트를 위해 다음 문제를 풀어 보라.

다음주 유리수는? 그리고 분수는?

$$0.2, \quad \frac{-1}{4}, \quad 2\pi, \quad \frac{\sqrt{2}}{3}, \quad \sin 30°, \quad \frac{-\sqrt{3}}{\pi}, \quad \frac{2}{\frac{3}{2}}$$

답 유리수 : 0.2, $\frac{-1}{4}$, $\sin 30°$, $\frac{2}{\frac{3}{2}}$ 분수 : $\frac{-1}{4}$, $\frac{\sqrt{2}}{3}$, $\frac{-\sqrt{3}}{\pi}$, $\frac{2}{\frac{3}{2}}$

풀이 과정을 간략하게 해설하면 다음과 같다.

$0.2 = \frac{1}{5}$, $\sin 30° = \frac{1}{2}$, $\frac{2}{\frac{3}{2}} = \frac{4}{3}$는 분모와 분자가 정수인 분수로 나타낼 수 있다. 따라서 0.2, $\sin 30°$, $\frac{2}{\frac{3}{2}}$와 $\frac{-1}{4}$은 유리수다.

그러나 유리수 0.2는 소수이지 분수가 아니다. $\sin 30°$도 분수로 제시되어 있지 않다.

반면에 $\frac{-1}{4}$, $\frac{\sqrt{2}}{3}$, $\frac{-\sqrt{3}}{\pi}$, $\frac{2}{\frac{3}{2}}$은 모두 분수다. 이 가운데 $\frac{\sqrt{2}}{3}$와 $\frac{-\sqrt{3}}{\pi}$는 유리수가 아닌 무리수이지만 분명히 분수이다. 이제 앞에서 분수는 수에 대한 일종의 표기라고 언급한 것을 이해할 수 있지 않은가!

다시 반복하면 분수는 가운데 선을 중심으로 위와 아래에 숫자가 들어 있는 표기법이다. "분모와 분자가 정수(단, 분모는 0이 아님)인 분수로 나타낼 수 있는 수"라는 유리수의 정의도 분수가 수를 표기하는 하나의 방안임을 제시한다. 따라서 어떤 수가 분수인지 아닌지를 판별하는 기준은 수의 값이 아니라 형태임에 유의해야 한다. 분수가 반드시 유리수기 이니며 또한 뮤리수 또한 분수가 아닐 수 있다는 점을 위의 문제에서 확인하였다. 그러므로 간혹 발견되는 다음과 같은 수 체계의 분류는 분명 잘못된 것이다.

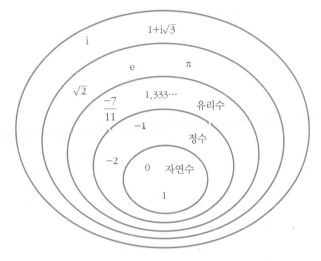

분수가 수 체계에 들어 있는 수가 아님을 아래 벤 다이어그램이 분명하게 보여준다.

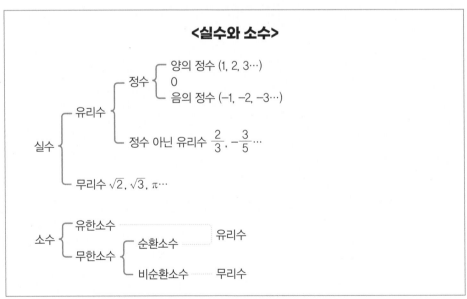

왜 이름이 유리수일까?

유리수는 영어 rational number의 번역어로, 이때의 rational은 비를 뜻하는 ratio에서 유래되었다. 그러므로 비를 가리키는 한자 '리(理)'를 사용한 유리수는 '비로 나타낼 수 있는 수', 즉 분모와 분자가 자연수인 분수로 나타낼 수 있는 수를 말한다. 따라서 $\sqrt{2}$와 같은 무리수(無理數, irrational number)는 '비'로 나타낼 수 없는 수라는 뜻이다.

한편, 영어 'rational'에 들어 있는 '이성적 또는 합리적'이라는 일상적 의미를 적용하면 유리수(有理數)를 '합리적인 수'라는 이상한 해석이 가능하다. 그렇다면 무리수(無理數, irrational number)는 '비합리적인 수' 또는 '비이성적인 수'라는 더욱 이상한 의미를 가질 수밖에 없다. 다시 강조하면, rational number에서 rational은 reasonable의 유사어가 아니고 ratio에서 유래된 단어다.

Chapter 05

중학수학으로 이어지는
분수 연산

⪧ 분수 연산에서 방정식이 보인다! ⪦

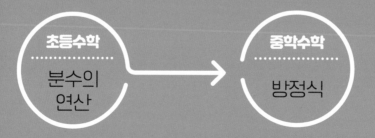

초등수학
분수의 연산

중학수학
방정식

01

Ⓜ 초등수학 개념의 재발견

분모가 다른 분수는 통분부터!

수학에서 문제 해결의 기본은 이미 알고 있는 지식과 방법을 적용하는 거예요. 이를 토대로 새로운 지식이나 방법을 발견하게 됩니다.

'분모가 다른 분수'의 덧셈과 뺄셈도, 이미 배운 '분모가 같은 분수'의 덧셈과 뺄셈을 토대로 해결해야 해요. 그러려면 분모가 같아지도록 만드는 것부터 시작해야겠죠? 이처럼 분모가 같아지도록, 공통(共通)의 분모를 찾는 것을 '통분(通分)'이라고 합니다!

1️⃣ 통분을 이용한 분수의 덧셈과 뺄셈

두 분수의 분모가 같아지도록 만드는 '통분'은 분수의 크기를 비교할 때도 필요해요. 통분을 통해 $\frac{3}{8}$과 $\frac{5}{12}$의 크기를 비교해 봅시다.

① 먼저 이미 알고 있는 사실을 적용해 문제를 풀어볼 거예요.

앞에서 분모가 같은 분수는 분자의 크기가 분수의 크기를 결정한다고 했죠. 그래서 분모를 같게 하려고 해요. 그런데 우리는 분모와 분자에 같은 수를 곱해도 분수의 값은 변하지 않는다는 사실도 알고 있어요. 이를 $\frac{3}{8}$과 $\frac{5}{12}$에 적용하면 분모를 바꿀 수 있습니다.

분모와 분자에
같은 수를 곱해도 값이
변하지 않는다!

$$\frac{3}{8} = \frac{6}{16} = \frac{9}{24} = \frac{12}{32} = \frac{15}{40} = \boxed{\frac{18}{48}} \cdots$$

$$\frac{5}{12} = \frac{10}{24} = \frac{15}{36} = \boxed{\frac{20}{48}} = \frac{25}{60} = \cdots$$

$$\overset{\times 3}{\underset{\times 3}{\frac{3}{8} = \frac{9}{24}}} \qquad \overset{\times 2}{\underset{\times 2}{\frac{5}{12} = \frac{10}{24}}}$$

분모가 같은 분수를 찾았네요. 공통분모가 24, 48, 72, 96…인 분수입니다. 즉, $\frac{3}{8}$과 $\frac{5}{12}$는 각각 $\frac{9}{24}$와 $\frac{10}{24}$, $\frac{18}{48}$과 $\frac{20}{48}$, …과 같으므로, 이제 분자 크기를 비교하면 답을 얻을 수 있습니다.

$$\frac{9}{24} < \frac{10}{24}$$ 이므로 $$\frac{3}{8} < \frac{5}{12}$$

이렇게 두 분수의 공통분모 24를 찾아내 두 수를 비교했습니다.

② 그런데 위에서 찾은 공통분모 24, 48, 72, 96…은 모두 24의 배수입니다. 그리고 24는 $\frac{3}{8}$과 $\frac{5}{12}$의 분모인 8과 12의 최소공배수예요. 그렇다면 위의 ①번 과정을 거치지 않아도, 통분을 하려면 두 분모의 최소공배수를 구하면 되겠네요! 분모 8과 12의 최소공배수 24는 소인수분해를 이용해 간편하게 찾을 수 있습니다.

그런데 통분할 때 공통분모가 반드시 최소공배수일 필요는 없어요. 분모 8과 12의 공배수 24, 48, 72, … 중 어떤 것으로 통분해도 괜찮아요. 그렇지만 최소공배수가 가장 작은 공배수이므로, 최소공배수로 통분하면 분수가 가장 간단해지겠죠.

통분을 했다면, 분모가 다른 분수의 덧셈과 뺄셈은 쉽게 해결할 수 있습니다. 예를 들어 덧셈 $\frac{3}{8} + \frac{5}{12}$를 다음과 같이 통분하여 답을 구할 수 있습니다.

$$\frac{3}{8} + \frac{5}{12} = \frac{9}{24} + \frac{10}{24} = \frac{9+10}{24} = \frac{19}{24}$$

분모가 다른 분수의 뺄셈도 살펴볼까요? 역시 통분을 통해 답을 구할 수 있습니다.

$$\frac{7}{12} - \frac{3}{8} = \frac{14}{24} - \frac{9}{24} = \frac{14-9}{24} = \frac{5}{24}$$

소인수분해에 의한 통분

$$2 \overline{)\ 8\quad 12\ } \\ \quad\ \underline{4\quad 3} \rightarrow 서로소$$

$$2 \times 4 \times 3 = 24$$

↑
8과 12의 최소공배수

따라서 다음과 같이 통분할 수 있다.

$$\frac{3}{8} = \frac{9}{24}$$ 이고 $$\frac{5}{12} = \frac{10}{24}$$

 아하! 분모가 다른 분수의 덧셈과 뺄셈의 핵심은 공통분모 찾기, 바로 통분이구나! 통분만 하면 계산은 간단해!

문제 1 다음 분수의 덧셈과 뺄셈을 하시오.

(1) $\dfrac{1}{2}+\dfrac{1}{4}$ (2) $\dfrac{1}{3}+\dfrac{2}{5}$ (3) $\dfrac{1}{4}+\dfrac{1}{6}$

(4) $\dfrac{1}{3}-\dfrac{1}{4}$ (5) $\dfrac{2}{3}-\dfrac{1}{6}$ (6) $\dfrac{5}{6}-\dfrac{3}{4}$

2 대분수의 덧셈과 뺄셈

대분수는 '자연수와 진분수의 덧셈'을 뜻합니다.

$$2\dfrac{3}{5}=2+\dfrac{3}{5}$$

따라서 대분수의 덧셈과 뺄셈은 자연수는 자연수끼리, 분수는 분수끼리 계산하여 답을 구합니다. 이때 가분수가 나타날 수도 있으니 다음 과정을 천천히 살펴보세요.

① $3\dfrac{8}{15}+2\dfrac{7}{10}$

공통분모를 찾기 위해 분모 15와 10을 소인수분해하여 최소공배수를 구합니다.

최소공배수 $5\times3\times2=30$ $5\,)\underline{\begin{array}{cc}15 & 10\end{array}}$

                                       $3\quad 2 \longrightarrow$ 서로소

분모를 통분하여 자연수는 자연수끼리, 분수는 분수끼리 계산합니다.

$$
\begin{aligned}
3\dfrac{8}{15}+2\dfrac{7}{10}&=(3+\dfrac{8}{15})+(2+\dfrac{7}{10})\\
&=3+\dfrac{8\times2}{15\times2}+2+\dfrac{7\times3}{10\times3}\\
&=3+\dfrac{16}{30}+2+\dfrac{21}{30}\\
&=(3+2)+(\dfrac{16}{30}+\dfrac{21}{30})\\
&=5+\dfrac{37}{30}\\
&=5+(1+\dfrac{7}{30})=6\dfrac{7}{30}
\end{aligned}
$$

② $3\dfrac{5}{8}-1\dfrac{5}{6}$

분모 8과 6을 소인수분해하면 최소공배수는 $2\times4\times3=24$입니다.

$$
\begin{array}{r|ll}
2 & 8 & 6 \\
\hline
 & 4 & 3
\end{array} \longrightarrow \text{서로소}
$$

$$
\begin{aligned}
3\dfrac{5}{8}-1\dfrac{5}{6} &= (3+\dfrac{5}{8})-(1+\dfrac{5}{6}) \\
&= 3+\dfrac{5\times3}{8\times3}-1-\dfrac{5\times4}{6\times4} \\
&= 3+\dfrac{15}{24}-1-\dfrac{20}{24} \\
&= 2+\dfrac{24+15}{24}-1-\dfrac{20}{24} \\
&= (2-1)+\dfrac{39}{24}-\dfrac{20}{24}=1+\dfrac{19}{24}=1\dfrac{19}{24}
\end{aligned}
$$

 대분수는 '자연수와 진분수의 덧셈'이니까 자연수는 자연수끼리, 분수는 분수끼리 덧셈과 뺄셈을 하는구나!

문제 2) 다음 분수의 덧셈과 뺄셈을 하시오.

(1) $2\dfrac{3}{4}+1\dfrac{1}{3}$ (2) $5\dfrac{4}{9}+2\dfrac{3}{4}$

(3) $5\dfrac{1}{2}-4\dfrac{7}{10}$ (4) $4\dfrac{3}{5}-1\dfrac{5}{6}$

수학은 문제를 해결하는 과목이다!

분모가 다른 분수의 덧셈과 뺄셈은 어렵지 않다. 하지만 이런 단순한 문제의 해결도 수학적 사고가 요구된다. 수학적 사고의 단면을 엿보기 위해 그 과정을 다음과 같이 기술해보자.

① '분모가 다른 분수의 덧셈과 뺄셈'을 어떻게 해결할까?

$$\text{덧셈} \quad \frac{3}{8} + \frac{5}{12} \text{을 어떻게 구할까?}$$

② '분모가 같은 분수의 덧셈과 뺄셈'으로 문제를 바꿀 수는 없을까? 왜냐하면 분모가 같은 분수의 덧셈과 뺄셈은 해결할 수 있기 때문이다.

③ '분수의 분모와 분자에 각각 같은 수를 곱하거나 나누어도 분수 값은 변하지 않는다'는 사실을 떠올리며 이를 적용한다.

$$\frac{3}{8} = \frac{6}{16} = \frac{9}{24} = \frac{12}{32} = \frac{15}{40} = \frac{18}{48} = \cdots$$

$$\frac{5}{12} = \frac{10}{24} = \frac{15}{36} = \frac{20}{48} = \cdots$$

④ '분모가 같은 분수(통분)의 덧셈과 뺄셈'으로 문제를 바꿀 수 있게 되었다.

$$\frac{3}{8} + \frac{5}{12} = \frac{9}{24} + \frac{10}{24} = \frac{9+10}{24} = \frac{19}{24}$$

이를 통해 우리는 다음과 같은 사실을 알 수 있다.

첫째, 진짜 수학 문제가 무엇인지 확인할 수 있다. 즉, 교과서나 참고서에서 볼 수 있는 분수의 덧셈이나 뺄셈과 같은 계산 문제가 아니라, "분모가 다른 분수의 덧셈과 뺄셈을 어떻게 할 것인가?"와 같이 수학의 원리를 탐색하는 것이 진짜 수학 문제라는 것이다.

둘째, 수학 문제 해결을 위해 어떻게 접근해야 하는지 알 수 있다. 그것은 이전에 듣도 보도 못한 새로운 비법을 적용하는 것이 아니다. '분모가 다른 분수의 덧셈과 뺄셈'을 풀기 위한 첫 번째 단계는 이미 알고 있던 '분모가 같은 분수의 덧셈과 뺄셈'으로 바꾸는 것이다. 이때 통분이라는 새로운 기법을 발견하게 된다.

다시 말하면, 문제 해결의 지름길은 이미 알고 있는 지식과 원리를 적절하게 결합하는 것이고 이 과정에서 새로운 개념이나 원리 또는 공식이 만들어진다. 어쨌든 수학이 문제를 해결하는 과목이라는 사실은 분명하다.

🔍Ⓜ 초등수학 개념의 재발견

분수의 곱셈 원리는 단 하나!

수학의 원리는 단순합니다. 분수의 곱셈 원리도 마찬가지예요.

우리는 진분수의 곱셈, 가분수의 곱셈, 대분수의 곱셈 등을 각각 나누어 배웠지만, 사실 분수의 곱셈 원리는 오직 하나뿐이에요. 여기서는 그 곱셈 원리가 왜 성립하는지 그 이유를 중점적으로 다룰 거예요. 하지만 원리는 딱 한 가지만 기억하면 된답니다. 더구나 자연수처럼 교환법칙과 분배법칙도 성립하므로, 아주 쉽게 분수 곱셈을 이해할 수 있을 거예요!

🔢 자연수 곱셈 다시 보기

자연수 곱셈 3×2는 $3+3$, 즉 3을 2번 거듭하여 더합니다.

분수와 자연수의 곱셈 $\frac{1}{3} \times 2$도 $\frac{1}{3} + \frac{1}{3}$, 즉 $\frac{1}{3}$을 2번 거듭하여 더하면 되겠죠.

하지만 $\frac{1}{3} \times \frac{1}{2}$과 같은 분수끼리의 곱셈은, 분수 $\frac{1}{3}$을 $\frac{1}{2}$번 더한 것이라고 말할 수 없습니다. '몇 번 더한다'는 것은 자연수에서만 가능하므로 '$\frac{1}{2}$번'이라는 말 자체가 성립되지 않으니까요.

그렇다면 분수 곱셈 $\frac{1}{3} \times \frac{1}{2}$은 어떻게 구해야 할까요? 또 $\frac{5}{3} \times \frac{7}{2}$과 같은 가분수의 곱셈, $1\frac{1}{3} \times 2\frac{1}{2}$과 같은 대분수의 곱셈은요?

다시 강조하지만, 수학 문제의 해결은 이미 알고 있던 지식과 원리에서 출발합니다. 그렇다면 분수의 곱셈 원리도 자연수 곱셈으로부터 탐색을 시작해볼 수 있을까요?

물론입니다! 그럼 자연수 곱셈의 의미를 단순히 '더하기'가 아닌, 또 다른 관점에서 다시 들여다 봅시다.

1) 사과 개수 구하기

다음 그림의 사과 개수는 모두 몇 개일까요?

곱셈으로 쉽게 구할 수 있습니다.

3개씩 5묶음으로 3+3+3+3+3=3×5=15개,

또는 5개씩 3묶음으로 5+5+5=5×3=15개

2) 직사각형의 넓이 구하기

가로 5cm 세로 3cm인 직사각형에서 한 변의 길이가 1cm인 정사각형은 모두 몇 개일까요?

앞의 사과 개수 구하는 문제와 똑같으므로 역시 곱셈으로 구할 수 있습니다.

$$5 \times 3 = 3 \times 5 = 15(\text{cm}^2)$$

그런데 한 변의 길이가 1cm인 정사각형의 넓이는 1cm²이므로, 이 직사각형의 넓이는 15cm²입니다. 우리가 알고 있는 직사각형 넓이 구하는 공식은 그렇게 탄생한 거예요.

직사각형 넓이 구하는 공식 : (가로)×(세로)=(세로)×(가로)

이처럼 직사각형의 넓이는 곱셈으로 구합니다. 즉, 자연수의 곱셈은 결국 직사각형 넓이 구하기와 같습니다!

아이스크림 종류는 몇 가지?

그림과 같은 3가지 모양의 콘과 5가지 맛으로 모두 몇 종류의 아이스크림을 만들 수 있을까요?

콘 모양			맛				
(A) 꽃	(B) 원뿔	(C) 컵	① 초콜릿	② 딸기	③ 바닐라	④ 당근	⑤ 체리

콘 모양 하나와 맛 한 종류를 각각 짝지으면 서로 다른 아이스크림을 만들 수 있어요. 이를 다음과 같이 직사각형 모양의 표로 나타낼 수 있습니다.

	① 초콜릿	② 딸기	③ 바닐라	④ 당근	⑤ 체리
(A) 꽃					
(B) 원뿔					
(C) 컵					

직사각형 표의 칸 하나는, 콘과 맛을 각각 하나씩 짝지은 한 종류의 아이스크림을 나타냅니다. 따라서 아이스크림 종류의 개수는 직사각형의 전체 칸 수와 같으므로, 곱셈 5×3 = 5×3 =15로 나타낼 수 있어요. 그리고 이때의 곱셈도 직사각형 넓이 구하기와 같습니다.

+더 알아보기+

약수 구하기

그런데 앞에서 유사한 문제를 경험한 적이 있어요. 기억을 더듬어 볼까요? 바로 약수 구하기예요!

예를 들어 144의 약수가 모두 몇 개인지 구해봅시다. 우선 144를 소인수분해 합니다.

$$
\begin{array}{r|r}
2 & 144 \\
2 & 72 \\
2 & 36 \\
2 & 18 \\
3 & 9 \\
\hline
 & 3
\end{array}
$$

$144 = 2 \times 2 \times 2 \times 2 \times 3 \times 3 = 2^4 \times 3^2$

144의 소인수는 2와 3, 두 가지예요. 소수 2로 이루어진 16($=2^4$)의 약수는 5개(1, 2, 4, 8, 16), 그리고 소수 3으로 이루어진 9($=3^2$)의 약수는 3개(1, 3, 9)입니다. 따라서 144의 약수는 다음 표와 같이 16의 약수와 9의 약수 중에서 각각 하나씩 짝을 지은 곱셈으로 얻을 수 있어요.

3^2의 약수 ＼ 2^4의 약수	1	2	4 ($=2^2$)	8 ($=2^3$)	16 ($=2^4$)
1	$1 \times 1 = 1$	$1 \times 2 = 2$	$1 \times 2^2 = 4$	$1 \times 2^3 = 8$	$1 \times 2^4 = 16$
3	$3 \times 1 = 3$	$3 \times 2 = 6$	$3 \times 2^2 = 12$	$3 \times 2^3 = 24$	$3 \times 2^4 = 48$
9 ($=3^2$)	$3^2 \times 1 = 9$	$3^2 \times 2 = 18$	$3^2 \times 2^2 = 36$	$3^2 \times 2^3 = 72$	$3^2 \times 2^4 = 144$

144의 약수는 직사각형 표에 들어 있는 칸의 개수와 같은 $5 \times 3 = 15$(개)입니다. 이때의 곱셈도 직사각형 넓이 구하는 식 (가로)×(세로)=5×3과 같습니다.

자연수의 곱셈은 결국 직사각형 넓이 구하기와 같네!

170 | 어서 와! 중학수학은 처음이지?

② 분수 곱셈의 원리, 분모는 분모끼리 분자는 분자끼리

자연수 곱셈은 직사각형 넓이 구하는 식과 같다는 것을 확인했습니다. 분수 곱셈도 과연 그럴까요?

1) (진분수)×(진분수)의 곱셈 원리

예를 들어 진분수끼리의 곱셈 $\frac{4}{5} \times \frac{2}{3}$도 직사각형 넓이 구하기와 같은지 살펴봅시다.

두 분수 $\frac{4}{5}$와 $\frac{2}{3}$를 다음과 같이 두 선분의 길이로 나타냅니다.

그러면 이 두 선분을 가로와 세로(또는 세로와 가로)로 하는 직사각형의 넓이를 구할 수 있습니다. 아래 그림과 같이 한 변의 길이가 1인 정사각형을 이용합니다. 이 정사각형을 가로는 5등분, 세로는 3등분하면, 전체를 5×3=15(개)의 조각으로 등분할 수 있어요. 넓이를 구하려는 직사각형은 그중에서 4×2=8(개)의 조각으로 이루어져 있습니다. 즉, 전체 15개에서 8개의 조각이 직사각형의 넓이($\frac{8}{15}$)입니다.

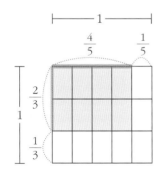   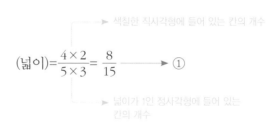

그런데 이 넓이는 '직사각형 넓이 구하는 공식(가로×세로)'으로도 구할 수 있습니다. 따라서 다음과 같이 나타낼 수 있습니다.

$$\text{(넓이)} = \text{(가로)} \times \text{(세로)} = \frac{4}{5} \times \frac{2}{3} \longrightarrow ②$$

직접 넓이를 구한 ①과, 공식을 적용한 ②가 같으므로 다음 식이 성립합니다.

$$\frac{4}{5} \times \frac{2}{3} = \frac{4 \times 2}{5 \times 3} = \frac{8}{15}$$

그러므로 분모(15)는 분모끼리의 곱(5×3)이고, 분자(8)는 분자끼리의 곱(4×2)입니다.
이처럼 (진분수)×(진분수)의 분모는 분모끼리의 곱이고, 분자는 분자끼리의 곱입니다.

 모든 분수의 곱셈 원리

자연수 A, B, C, D에 대하여 다음이 성립한다.

$$\frac{B}{A} \times \frac{D}{C} = \frac{B \times D}{A \times C}$$

즉, 분수 곱셈의 분모는 분모끼리의 곱이고,
분자는 분자끼리의 곱이다.

[예] $\frac{4}{5} \times \frac{2}{3} = \frac{8}{15} = \frac{4 \times 2}{5 \times 3}$

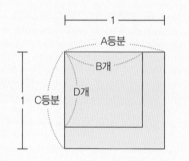

그런데 놀라운 것은 이러한 (진분수)×(진분수)의 곱셈 원리가 모든 분수의 곱셈에 그대로 적용된다는 거예요! 즉, (가분수)×(가분수), (자연수)×(분수), (분수)×(자연수), (대분수)×(대분수)의 경우에도 똑같이 "분모는 분모끼리의 곱이고 분자는 분자끼리의 곱"입니다!

과연 이 곱셈 원리가 모든 분수에 통하는지, 각각의 경우를 더 자세히 확인해 볼까요?

+더 알아보기+

(가분수)×(가분수)

가분수의 곱셈 $\frac{4}{3} \times \frac{5}{2}$ 를 살펴봅시다.

① 공식 이용하기 : 가로 $\frac{4}{3}$, 세로 $\frac{5}{2}$ 인 직사각형 넓이를 공식에 따라 다음과 같이 분수 곱셈으로 나타냅니다.

$$(직사각형 넓이) = (가로) \times (세로) = \frac{4}{3} \times \frac{5}{2}$$

② 직접 구하기 : 한 변의 길이가 1인 정사각형의 가로를 3등분하고 세로를 2등분하여 전체를 6(=3×2)등분할 때, 한 칸의 넓이는 $\frac{1}{6}$입니다.

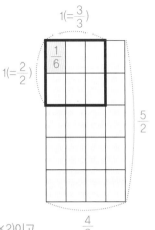

③ 넓이를 구하려는 직사각형에 들어 있는 칸의 개수는 그림과 같이 모두 20개(4×5=20)이므로 넓이는 다음과 같습니다.

$$(\text{직사각형 넓이}) = \frac{4 \times 5}{3 \times 2} = \frac{20}{6}$$

④ ①과 ③에서 $\frac{4}{3} \times \frac{5}{2} = \frac{4 \times 5}{3 \times 2} = \frac{20}{6}$이 성립합니다.

그러므로 가분수 곱셈도 진분수 곱셈처럼 분모(6)는 분모끼리의 곱(3×2)이고, 분자(20)는 분자끼리의 곱(5×3)이라는 것을 알 수 있습니다.

(자연수)×(분수)와 (분수)×(자연수)

자연수와 분수의 곱셈 $2 \times \frac{2}{3}$를 살펴봅시다.

① **공식 이용하기** : 가로 2이고 세로 $\frac{2}{3}$인 직사각형의 넓이를 공식에 의해 다음과 나타냅니다.

$$(\text{넓이}) = (\text{가로}) \times (\text{세로}) = 2 \times \frac{2}{3}$$

② **직접 구하기** : 한 변의 길이가 1인 정사각형의 세로를 3등분하면 칸 한 개의 넓이는 $\frac{1}{3}$입니다.

그리고 가로 2, 세로가 $\frac{2}{3}$인 직사각형(색칠한 부분)에는 넓이 $\frac{1}{3}$인 칸이 모두 4개(2×2=4) 들어 있으므로 넓이는 $\frac{4}{3}$입니다.

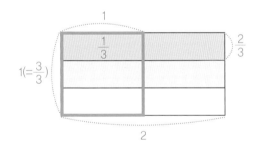

①과 ②로부터 $2 \times \frac{2}{3} = \frac{2}{1} \times \frac{2}{3} = \frac{2 \times 2}{1 \times 3} = \frac{4}{3}$가 성립합니다.

여기서 자연수 2는 분수 $\frac{2}{1}$와 같으므로, $2 \times \frac{2}{3}$인 (자연수)×(분수)의 분모는 분모끼리의 곱인 1×3이고, 분자는 분자끼리의 곱인 2×2라는 것을 확인할 수 있습니다.

한편 (분수)×(자연수)는 훨씬 더 간단합니다.

'자연수를 곱한다'는 것은 '몇 배인가'를 뜻하기 때문인데, 예를 들어 $\frac{2}{3} \times 2$는 분수 $\frac{2}{3}$의 두 배이므로 다음과 같습니다.

$$\frac{2}{3} \times 2 = \frac{2}{3} + \frac{2}{3} = \frac{2+2}{3} = \frac{4}{3}$$

그런데 이 결과도 다음과 같이 나타낼 수 있습니다.

$$\frac{2}{3} \times 2 = \frac{2}{3} \times \frac{2}{1} = \frac{2 \times 2}{3 \times 1} = \frac{4}{3}$$

다시 말하면, $\frac{2}{3} \times 2$와 같은 (분수)×(자연수)의 분모는 분모끼리의 곱인 3×1이고, 분자는 분자끼리의 곱인 2×2입니다.

 분수 곱셈에서도 통하는 교환법칙

$2 \times \frac{2}{3}$는 $\frac{2}{3} \times 2$와 같습니다. 분수의 곱을 '직사각형 넓이 구하기'로 나타낼 수 있기 때문인데, 어느 하나를 90도 회전하면 다른 하나가 됩니다. 다음 그림과 같이 가로와 세로가 바뀝니다.

즉, $\frac{2}{3} \times 2 = \frac{4}{3} = 2 \times \frac{2}{3}$ 이고 따라서 분수 곱셈에서도 교환법칙이 성립합니다.

③ 대분수 곱셈의 또 다른 의미

대분수 곱셈 $1\frac{2}{3} \times 2\frac{1}{2}$은 가로와 세로가 각각 $1\frac{2}{3}$, $2\frac{1}{2}$인 직사각형의 넓이예요. 그러므로 이 곱셈의 값을 다음과 같은 단계로 구할 수도 있어요

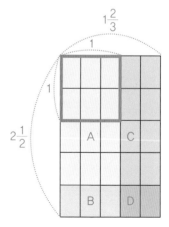

① 한 변의 길이가 1인 정사각형을 가로는 3등분, 세로는 2등분하여 전체를 6(=3×2)등분합니다.

② 이 정사각형을 바탕으로 가로와 세로가 각각 $1\frac{2}{3}$, $2\frac{1}{2}$인 직사각형을 만듭니다.

③ 그림에서 4개의 직사각형 넓이를 각각 구하면 다음과 같습니다.

A의 넓이 : $1 \times 2 = 2$ B의 넓이 : $1 \times \dfrac{1}{2} = \dfrac{1}{2}$

C의 넓이 : $\dfrac{2}{3} \times 2 = \dfrac{4}{3}$ D의 넓이 : $\dfrac{2}{3} \times \dfrac{1}{2} = \dfrac{2}{6} = \dfrac{1}{3}$

④ 이들 네 직사각형의 합이 대분수 곱셈 $1\dfrac{2}{3} \times 2\dfrac{1}{2}$의 값입니다.

$$1\dfrac{2}{3} \times 2\dfrac{1}{2} = 1 \times 2 + 1 \times \dfrac{1}{2} + \dfrac{2}{3} \times 2 + \dfrac{2}{3} \times \dfrac{1}{2}$$

$$= 2 + \dfrac{1}{2} + \dfrac{4}{3} + \dfrac{1}{3} = 2\dfrac{13}{6} = 4\dfrac{1}{6}$$

분배법칙으로 구하는 대분수 곱셈!

앞에서 보았던 곱셈공식(2장 22쪽)이 대분수 곱셈에 그대로 적용된다.

$$(a+b) \times (c+d) = a \times c + a \times d + b \times c + b \times d$$

대분수는 자연수와 진분수의 합이므로 다음이 성립한다.

$$1\dfrac{2}{3} = 1 + \dfrac{2}{3} \qquad 2\dfrac{1}{2} = 2 + \dfrac{1}{2}$$

그러므로 $a=1$, $b=\dfrac{2}{3}$, $c=2$, $d=\dfrac{1}{2}$이다.

따라서 대분수 곱셈은 다음과 같이 나타낼 수 있다.

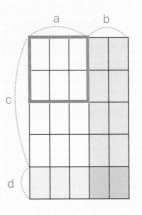

$$1\dfrac{2}{3} \times 2\dfrac{1}{2} = \left(1 + \dfrac{2}{3}\right) \times \left(2 + \dfrac{1}{2}\right)$$

$$= 1 \times 2 + 1 \times \dfrac{1}{2} + \dfrac{2}{3} \times 2 + \dfrac{2}{3} \times \dfrac{1}{2}$$

$$= 2 + \dfrac{1}{2} + \dfrac{4}{3} + \dfrac{1}{3} = 2\dfrac{13}{6} = 4\dfrac{1}{6}$$

문제 3 다음 분수 곱셈을 하시오.

(1) $\dfrac{3}{5} \times 2\dfrac{1}{2}$ (2) $1\dfrac{2}{3} \times \dfrac{6}{5}$

(3) $3\dfrac{2}{3} \times 2\dfrac{3}{5}$ (4) $1\dfrac{2}{5} \times 2\dfrac{3}{4}$

분수 곱셈의 알고리즘

분수 곱셈의 연산 절차(이를 알고리즘이라 한다)를 우리 교육과정에는 다음과 같이 분수의 종류에 따라 각각의 경우로 분리하여 제시한다.

(진분수)×(자연수),   (대분수)×(자연수),   (자연수)×(진분수),

(자연수)×(대분수),   (단위분수)×(단위분수),   (진분수)×(진분수),

(대분수)×(대분수)

이는 마치 분수 곱셈의 일반적인 계산 절차가 곱하는 수와 곱해지는 수의 종류에 따라 다를 수 있다는 오해를 불러일으킬 수 있다. 하지만 곱하는 수와 곱해지는 수가 자연수, 진분수, 또는 가분수나 대분수에 따라 알고리즘이 다르게 적용되는 것은 아니다. 따라서 분수 곱셈을 위와 같이 분수의 종류에 따라 각각의 경우로 나누어 제시하는 것은 수학의 특성에 반할 뿐만 아니라 교육적으로도 타당하지 않다. 어른들도 이해하기 쉽지 않은 내용을 초등학생들에게 강요한 결과 수학은 암기라는 잘못된 인식까지 낳는 부작용이 초래되는 것이다.

이 책에서는 분수 곱셈의 원리를 이미 습득하여 잘 알고 있는 자연수의 곱셈으로부터 유도하도록 제시하였다. 그리고 자연수 곱셈이 적용되는 사각형의 넓이 모델을 이용하여 분수 곱셈의 원리도 유도하여 자연수와 분수가 서로 연계되어 있음을 알려주었다.

03

분수 나눗셈도 그냥 곱셈이다!

자연수 나눗셈은 실제로는 나눗셈이 아니라 곱셈이었죠.(3장 88쪽)

분수 나눗셈도 나눗셈이 아닌 곱셈으로 답을 구합니다. 분수 나눗셈에서 가장 중요한 것은, 분모와 분자가 바뀐 '역수'예요. 역수가 왜 중요한지 이해한다면, 분수 나눗셈의 응용문제까지 단번에 풀 수 있습니다. 분수 나눗셈의 원리도 자연수 나눗셈으로부터 탐구를 시작합니다!

❶ 나눗셈은 나누는수가 1일 때의 값

문제를 통해 자연수 나눗셈의 특징을 다시 살펴봅시다. 다음 세 문제에 들어 있는 공통점은 무엇일까요?

① 주스 15L를 5개의 병에 똑같이 나누어 담을 때, 한 병에 담을 수 있는 주스의 양은?

[풀이]

(전체 주스의 양)÷(병 개수)=15÷5=3(L/병)이므로, 한 병에 담을 수 있는 주스는 3L.

② 학생 12명이 긴 의자 4개에 똑같이 나누어 앉는다면 의자 하나에 몇 명이 앉아야 할까?

[풀이]

(전체 사람 수)÷(의자 수)=12÷4=3(명/개)이므로, 의자 한 개에 앉는 인원은 3명.

③ 자동차로 2시간 동안 180km를 달렸다. 한 시간에 달린 거리는?

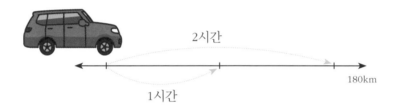

[풀이]

(전체 달린 거리)÷(시간)=180÷2=90(km/시간)이므로, 한 시간에 달린 거리는 90km.

위의 세 문제는 상황이 각기 다르지만 나눗셈 결과는 모두 한 병, 한 개, 한 시간일 때의 값을 나타낸다는 공통점을 발견할 수 있습니다. 즉, 나눗셈의 답은 '나누는수(제수)가 1일 때 나뉘는수(피제수)의 값'을 나타낸다는 것을 알려줍니다!

> **세 문제의 공통점** : 한(1) 병에 담은 주스의 양 : 3 (L)
>
> 한(1) 개의 의자에 앉는 사람 수 : 3 (명)
>
> 한(1) 시간에 달린 거리 : 90 (km)
>
> → 나누는수가 1일 때 나뉘는수의 값

위의 결과를 다음과 같이 표로 나타내면 나눗셈의 답이 '나누는수가 1'일 때 나뉘는수의 값이라는 사실을 더욱 분명하게 확인할 수 있습니다.

(1) 15L를 5병에 똑같이 나누어 담으면, 1병에 3L를 담는다.

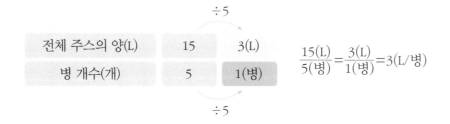

$$\frac{15(L)}{5(병)} = \frac{3(L)}{1(병)} = 3(L/병)$$

(2) 12명이 의자 4개에 똑같이 나누어 앉으면, 의자 1개에 3명이 앉는다.

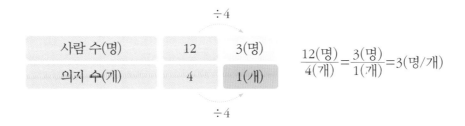

$$\frac{12(명)}{4(개)} = \frac{3(명)}{1(개)} = 3(명/개)$$

(3) 180km를 똑같은 속도로 2시간에 달리면 1시간에 90km를 달린다.

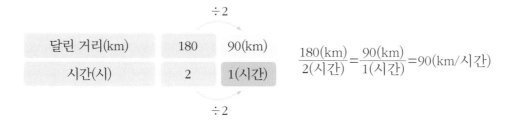

$$\frac{180(km)}{2(시간)} = \frac{90(km)}{1(시간)} = 90(km/시간)$$

───── +더 알아보기+ ─────

비율

나누는수가 1일 때 나뉘는수의 값을 '비율'이라고 합니다. 그러므로 위에서 얻은 나눗셈의 답 3(L/병), 3(명/개), 90(km/시간)는 모두 비율이에요. 특히 90(km/시간)은 '시속'이라고 하여 나누는 수가 1일 때. 즉 1시간 동안 달린 거리인 '속력'을 뜻합니다. 속력도 비율의 하나인데. 이에 대해서는 다음 절에 자세히 살펴봅니다.

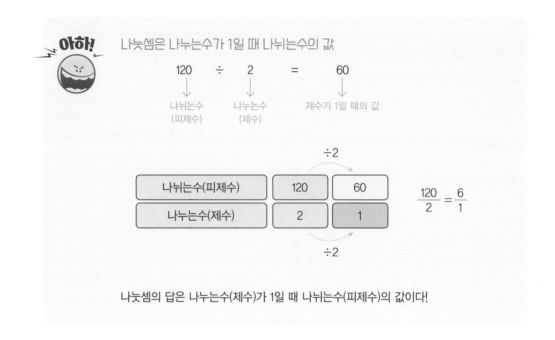

아하! 나눗셈은 나누는수가 1일 때 나뉘는수의 값

$$120 \quad \div \quad 2 \quad = \quad 60$$

나뉘는수   나누는수   제수가 1일 때의 값
(피제수)   (제수)

		÷2
나뉘는수(피제수)	120	60
나누는수(제수)	2	1

$$\frac{120}{2} = \frac{6}{1}$$

÷2

나눗셈의 답은 나누는수(제수)가 1일 때 나뉘는수(피제수)의 값이다!

2 분수의 역수 : 분모와 분자를 바꾼 분수

분수 $\frac{3}{4}$의 분모와 분자를 바꾸면 $\frac{4}{3}$가 됩니다. 이때 $\frac{4}{3}$를 $\frac{3}{4}$의 '역수'라고 합니다. 또한

$\frac{4}{3}$의 역수는 $\frac{3}{4}$입니다.

분수 $\frac{3}{4}$ ⇄ 분수 $\frac{4}{3}$

서로 역수

역수는 왜 필요할까요? '역수끼리의 곱이 1'이라는 역수의 특별한 성질 때문이에요.

예를 들어 $\frac{5}{8}$의 역수는 $\frac{8}{5}$인데, 서로 역수인 두 분수를 곱해 봅시다.

$$\frac{5}{8} \times \frac{8}{5} = \frac{5 \times 8}{8 \times 5} = \frac{40}{40} = 1$$

$$\frac{1}{5} \times 5 = 1$$

$$1\frac{4}{5} \times \frac{5}{9} = \frac{9}{5} \times \frac{5}{9} = \frac{9 \times 5}{5 \times 9} = 1 \quad (\text{대분수 } 1\frac{4}{5} \text{는 가분수 } \frac{9}{5} \text{와 같으므로 역수는 } \frac{5}{9} \text{다.})$$

180 | 어서 와! 중학수학은 처음이지?

위와 같이 역수인 두 분수를 곱하면 항상 1이 됩니다! 이처럼 곱해서 1이 되게 하는 역수는 분수 나눗셈의 핵심입니다.

자연수 A, B에 대하여

분수 $\dfrac{A}{B}$의 역수는 분수 $\dfrac{B}{A}$다.

역수끼리의 곱은 항상 1이다.

$$\dfrac{A}{B} \times \dfrac{B}{A} = \dfrac{A \times B}{B \times A} = 1$$

③ 분수 나눗셈 : 역수를 곱한다! 왜?

앞에서 다음 두 가지 사실을 확인했습니다.

첫째, 나눗셈은 "나누는수(제수)가 1일 때의 값"이다.

둘째, 역수끼리의 곱은 1이다.

이를 분수 나눗셈에도 그대로 적용할 수 있습니다. 분수 나눗셈 $\dfrac{3}{5} \div \dfrac{7}{8} = \boxed{}$ 를 구해봅시다.

나눗셈은 나누는수(제수)가 1일 때 나뉘는수의 값이니까, 나누는수(제수) $\dfrac{7}{8}$이 1이 되어야 합니다. 그러려면 어떻게 해야 할까요?

맞아요! 역수를 곱하면 됩니다. $\dfrac{7}{8}$의 역수인 $\dfrac{8}{7}$을 곱하여 나누는수(제수)를 1로 만듭니다.

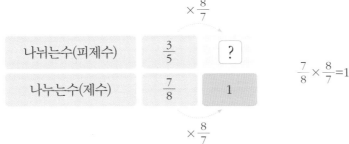

이때 나뉘는수(피제수) $\dfrac{3}{5}$에도 똑같은 수 $\dfrac{8}{7}$을 곱해야 하므로, ? 에 들어가는 값을 다음과 같이 구할 수 있습니다.

$$? = \dfrac{3}{5} \times \dfrac{8}{7} = \dfrac{3 \times 8}{5 \times 7} = \dfrac{24}{35}$$

이 과정을 다음과 같이 정리할 수 있어요.

풀이 1

$$\dfrac{3}{5} \div \dfrac{7}{8} = \left(\dfrac{3}{5} \times \dfrac{8}{7}\right) \div \left(\dfrac{7}{8} \times \dfrac{8}{7}\right)$$

나누는수(제수)의 역수 $\dfrac{8}{7}$을 나뉘는수(피제수)와 나누는수(제수)에 똑같이 곱한다.

$$= \left(\dfrac{3}{5} \times \dfrac{8}{7}\right) \div 1$$

어떤 수를 1로 나누어도 값은 변하지 않는다.

$$= \dfrac{3}{5} \times \dfrac{8}{7}$$

$$= \dfrac{3 \times 8}{5 \times 7} = \dfrac{24}{35}$$

풀이 2

$$\dfrac{3}{5} \div \dfrac{7}{8} = \dfrac{3}{5} \times \dfrac{8}{7}$$

$$= \dfrac{3 \times 8}{5 \times 7} = \dfrac{24}{35}$$

이처럼 분수 나눗셈은 '제수의 역수'를 곱하여 답을 얻습니다. 나눗셈이 아닌 곱셈으로 답을 구하는 것이죠. 이 원리는 진분수뿐만 아니라 가분수와 대분수까지 모든 분수 나눗셈에도 적용됩니다! 다음 문제를 직접 풀이하고 비교해 보세요.

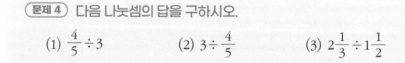

문제 4 다음 나눗셈의 답을 구하시오.

(1) $\dfrac{4}{5} \div 3$　　　(2) $3 \div \dfrac{4}{5}$　　　(3) $2\dfrac{1}{3} \div 1\dfrac{1}{2}$

모든 분수에 통하는 곱셈 원리

자연수 A, B, C, D에 대하여

$$\frac{B}{A} \div \frac{D}{C} = \frac{B}{A} \times \frac{C}{D} = \frac{B \times C}{A \times D}$$

↓ 나누는수 (제수)   ↓ $\frac{D}{C}$의 역수

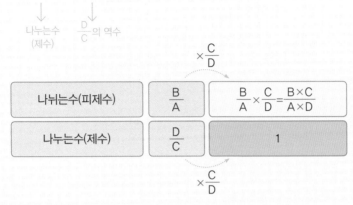

모든 분수 나눗셈은 나누는 수의 역수를 곱하여 답을 얻는다!

④ 나눗셈 응용문제, 어떻게 풀이하나?

응용문제를 어려워하는 친구들이 많습니다. 나눗셈의 응용문제를 풀 때는 나눗셈이 '나누는수(제수)가 1일 때의 값'이므로, 문제에서 제수가 무엇인지를 파악하는 것이 풀이의 핵심입니다. 다음 예제에서 제수를 찾아내는 풀이 전략을 학습해 봅시다.

(나눗셈 응용문제 1) 딸기주스 10L를 크기가 같은 병 4개에 똑같이 나누어 담았다. 그리고 포도주스 $7\frac{3}{4}$L를 크기가 같은 병 3개에 똑같이 나누어 담았다. 이때 한 병에 담긴 양이 더 많은 주스는?

(문제풀이 전략)

문제를 풀기 위해 다음과 같이 생각합니다.

(1) '한 병에 담긴 주스의 양'을 구하는 문제다.[문제 의도 파악]

(2) 병의 개수가 제수(나누는수)다.[제수 파악]

(3) 그러므로 주스의 양을 병의 개수로 나누는 나눗셈 문제다. [풀이 전략 파악]

풀이 1

따라서 다음과 같이 풀이합니다.

- 한 병에 담은 딸기 주스의 양 : $10 \div 4 = 10 \times \dfrac{1}{4} = \dfrac{10}{4} = \dfrac{5}{2}$(L/병)

- 한 병에 담은 포도주스 양 : $7\dfrac{3}{4} \div 3 = \dfrac{31}{4} \times \dfrac{1}{3} = \dfrac{31 \times 1}{4 \times 3} = \dfrac{31}{12}$(L/병)

$\dfrac{5}{2} = \dfrac{30}{12} < \dfrac{31}{12}$ 이므로 포도주스가 더 많이 담겨 있습니다.

풀이 2

다음과 같이 표를 이용해 나타낼 수도 있습니다.

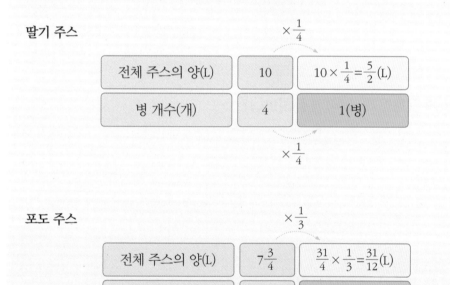

한 병에 담은 주스 양을 구하는 문제이므로 나누는수(제수)는 병의 개수예요. 한 병에 담을 수 있는 딸기 주스와 포도 주스와 양이 표에 그대로 나타납니다.

이처럼 나누는수(제수)가 무엇인지 파악하면 나눗셈 응용문제가 술술 풀립니다.

나눗셈 응용문제 2 집에서 학교까지의 거리는 2km이고, 학교에서 도시관까지의 거리는 750m다. 집에서 학교까지 걸어간 시간은 30분이고, 학교에서 도서관까지는 9분 만에 도착했다고 한다. 더 빠르게 걸어간 구간은?

문제풀이 전략

문제를 풀기 위해 다음과 같이 생각합니다.

(1) 빠르게 걸어간 구간은 같은 시간(1시간)에 걸어간 거리를 비교하면 된다.[문제 의도 파악]

(2) 따라서 시간이 나누는수(제수)다.[제수 파악]

(3) 그러므로 걸어간 거리를 시간으로 나누는 나눗셈 문제다.[풀이 전략 파악]

풀이

이 전략을 적용해 다음과 같이 풀이합니다.

1시간에 몇 km를 걸어가는지를 알아보기 위해 단위를 시간과 km로 통일합니다.

$$750(\text{m}) = \frac{3}{4}(\text{km}), \quad 30(\text{분}) = \frac{30}{60} = \frac{1}{2}(\text{시간}), \quad 9(\text{분}) = \frac{9}{60} = \frac{3}{20}(\text{시간})$$

1시간에 달린 거리를 구하기 위해 거리를 시간으로 나누는 나눗셈으로 나타냅니다.

- 집에서 학교까지의 빠르기(속력) : $2(\text{km}) \div \frac{1}{2}(\text{시간}) = 2 \times 2 = 4(\text{km/시간})$

- 학교에서 도서관까지의 빠르기(속력) : $\frac{3}{4}(\text{km}) \div \frac{3}{20}(\text{시간}) = \frac{3}{4} \times \frac{20}{3} = \frac{3 \times 20}{4 \times 3}$
  $= 5(\text{km/시간})$

그러므로 집에서 학교까지보다 학교에서 도서관까지 갈 때가 더 빨랐습니다.

이처럼 빠르기를 나타내는 '속력'은 '단위 시간(1시간)에 이동한 거리'이므로, 나누는수(제수)는 '시간'이에요. 즉, 나누는수(제수)인 시간이 1(단위)일 때 피제수인 거리를 나타냅니다. 이 문제의 풀이 과정도 다음과 같이 표로 나타낼 수 있습니다.

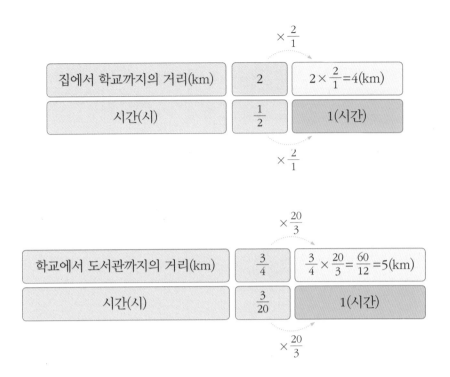

집에서 학교까지, 그리고 학교에서 도서관까지 1시간에 간 거리를 한눈에 알 수 있습니다.

문제 5 다음 물음에 답하시오.

(1) 물 15L를 크기가 같은 4개의 병에 똑같이 나누어 담았다. 그리고 주스 $18\frac{1}{2}$L를 크기가 같은 5개의 병에 똑같이 나누어 담았다. 한 병에 들어 있는 물과 주스를 비교할 때 양이 더 많은 것은?

(2) 자동차로 서울에서 대구까지 약 360km의 거리를 4시간 30분에 그리고 대구에서 포항까지 약 75km의 거리를 1시간 30분에 달렸다. 더 빨리 달린 구간은?

나눗셈 응용문제는 '단위량(1)이 되는 수'가 '나누는수(제수)'인 나눗셈 식을
세워 풀이한다.

나눗셈 응용문제 1의 경우

1(단위량)이 되는 수 : 한 병에 담은 주스의 양을 구하는 문제이므로 병의 개수가 제
수다.

나눗셈 응용문제 2의 경우

1(단위량)이 되는 수 : 한 시간에 걸어간 거리를 구해야 하므로, 걸어간 시간이 제수다.

선생님만
보세요!

나눗셈에서의 역수 도입

현행 교육과정에는 분수 나눗셈도 곱셈에서 그랬듯 분수의 종류에 따라 각각 분리하였다.

6학년 1학기 1단원 : (진분수)÷(자연수), (가분수)÷(자연수), (대분수)÷(자연수)
6학년 2학기 1단원 : (자연수)÷(단위분수),
　　　　　　　　분모가 같은 (진분수)÷(단위분수) 및 (진분수)÷(진분수)
　　　　　　　　분모가 다른 (진분수)÷(진분수), (자연수)÷(분수), 대분수의 나눗셈

나누는 수(제수)가 자연수인 경우는 1학기, 분수인 경우는 2학기로 분리한 것이다. 같은 단원에서도 피
제수의 종류에 따라 각각 별개인 것처럼 분리되어 있다.

왜 이렇게 복잡하게 구성되어 있을까? 역수를 도입하지 않으려 하였기에 어쩔 수 없이 빚어진 현상이
다. 그런데 역수 개념을 도입하지 않고 분수 나눗셈을 가르치는 나라는 사실 우리나라밖에 없다는 사실
을 어떻게 설명할 수 있을까?

이 교육과정을 어쩔 수 없이 따라야 하는 우리의 6학년 교실은 3월부터 9월까지 분수 나눗셈을 가르치
고 배워야 한다. 하지만 실제 현장에서는 이를 따르다가 지친 나머지, 결국 '나누는수의 분자와 분모를
바꿔 곱하여 답을 얻는다'는 절차적 지식으로 귀결되는 것을 목격하게 된다. 물론 그 이유는 설명하지
못한 채 말이다.

이 책에서 기술한 바와 같이 역수를 도입하면 분수 나눗셈은 매우 간편해진다. 이에 그치지 않고 다음
절에 이어지는 비율과 비례 개념도 역수의 도입으로 쉽게 이해할 수 있음을 확인하게 된다.

단위에 숨겨진 뜻

나눗셈에서 역수를 도입할 때, 나누는수가 1일 때의 값이 나눗셈의 결과라는 사실만 잘 이해하면 분수의 나눗셈은 간단하게 해결된다. 따라서 나눗셈 응용문제 풀이에서도 문제 상황의 의미를 파악하는 것에 초점을 두어야 한다.

이때 숫자가 아닌 단위에 초점을 두어야 하는데, 예를 들어 한 시간에 달린 거리를 나타내는 시속 90km의 단위를 정확하게 90(km/시)로 표기하도록 지도해야 한다. 이는 나눗셈에서 나누는수가 1일 때, 즉 한 시간에 달린 거리이고, 분수 표기에서 분모가 1일 때의 값이라는 점을 알려주기 때문이다.

엄격히 말하면 시속이나 초속 이외의 다른 단위도 나누는수의 단위까지 표기해야만 한다. 예를 들어 한 병에 들어 있는 물 3(L)는 3(L/병)으로, 한 대에 승차 인원도 4(명)이 아니라 4(명/대)로 표기해야 정확하다. 하지만 일상생활에서는 관례상 속력과 같은 특수한 단위를 제외하고 다른 단위를 일일이 엄밀하게 표기하지 않는다. 그렇지만 나눗셈 결과로 얻은 값의 단위는 나누는수가 1이라는 것을 나타낸다는 사실에 주목하도록 지도할 필요가 있다.

04

🔍 Ⓜ **초등수학 개념의 재발견**

비교를 위한 몇 대 몇, 비

비교를 하기 위해 하나가 아닌 두 개의 수량이 필요한 경우가 있습니다. 예를 들어, A 도시와 B 도시의 자동차 대수가 각각 2만 대와 3만 대이면, 분명히 B 도시의 자동차 수가 많겠죠. 하지만 자동차 수이외에 인구라는 또 다른 수량을 함께 고려해야 정확한 비교가 가능합니다. 예를 들어 A와 B 도시의 인구가 각각 10만명과 30만 명이라면, B 도시의 자동차 수가 인구 수에 비해 더 많은 것은 아닙니다. 이때 '비'가 필요한데, 상대적으로 비교하는 상황에서 필요한 '비'에 대하여 알아봅니다.

1 **'몇 대 몇'이라는 '비'는 언제 필요할까?**

두 수를 비교하는 방법을 이미 배운 적이 있습니다. 바로 뺄셈에 의한 '차(差)'예요. 예를 들어 두 수 5와 2를 비교할 때 뺄셈 5−2=3을 적용해 '5는 2보다 3이 더 크다'고 말할 수 있으니까요.

그렇다면 수학에서의 '비(比)'는 무엇을 비교하는 것이며, 뺄셈에 의한 '차(差)'와는 어떻게 다를까요? '비'가 필요한 여러 상황에 대하여 살펴봅시다.

1) 빗변의 기울기

다음 세 직각삼각형의 모양에 대하여 두 가지 질문을 답하라.

(1) 높이가 가장 높은 직각삼각형은?

(2) 빗변의 가파른 정도, 즉 기울기(또는 경사도)가 가장 큰 지가산가형은?

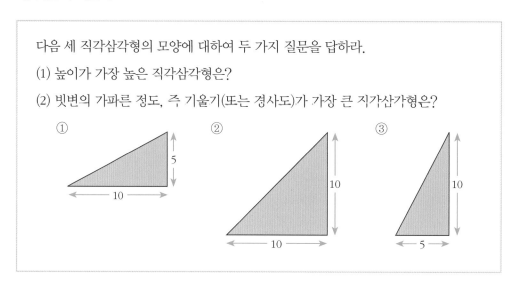

세 직각삼각형의 높이 비교는 간단해요. 5, 10, 10, 즉 단 하나의 수만 비교하면 되지요. 뺄셈(10-5)으로 '차(差)'를 구해 직각삼각형 ②와 ③의 높이가 10이므로, 높이가 5인 직각삼각형 ①보다 더 높습니다.

그러나 빗변의 가파른 정도, 즉 기울기(또는 경사도)는 하나의 수가 아닌, 높이와 밑변의 '상대적 길이의 비(比)'에 따라 결정됩니다.

그러므로 '빗변의 기울기'는 '높이와 밑변의 비(比)' 또는 '밑변에 대한 높이의 비(比)'라고 하며 다음과 같이 여러 가지 방법으로 나타냅니다.

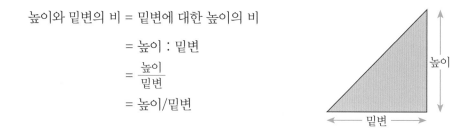

높이와 밑변의 비 = 밑변에 대한 높이의 비

$$= 높이 : 밑변$$

$$= \frac{높이}{밑변}$$

$$= 높이/밑변$$

세 직각삼각형의 높이와 밑변의 비를 다음과 같이 표로 정리하여 나타낼 수 있습니다.

	직각삼각형 ①	직각삼각형 ②	직각삼각형 ③
높이 : 밑변	5 : 10	10 : 10	10 : 5
$\dfrac{\text{높이}}{\text{밑변}}$	$\dfrac{5}{10}$	$\dfrac{10}{10}$	$\dfrac{10}{5}$
높이/밑변	5/10	10/10	10/5
비의 값	$\dfrac{1}{2} = 0.5$	1	2

비를 나타내는 기호들은 위의 표에서 알 수 있듯이 나눗셈 기호 '÷'와 밀접한 관련이 있습니다. 콜론 기호 ':'는 '÷'에서 가운데 선을 제외한 것이고, 분수 기호 '–'는 '÷'의 위와 아래에 있는 두 개의 점을 제외한 기호입니다.

'밑변 : 높이'의 비를 각각 분수 $\dfrac{5}{10}$, $\dfrac{10}{10}$, $\dfrac{10}{5}$으로 나타내어 각각 '비의 값' 0.5, 1, 2를 얻었습니다.

빗변의 경사 : ① $\dfrac{\text{높이}}{\text{밑변}} = \dfrac{5}{10} = \dfrac{1}{2} = 0.5$

② $\dfrac{\text{높이}}{\text{밑변}} = \dfrac{10}{10} = 1$

③ $\dfrac{\text{높이}}{\text{밑변}} = \dfrac{10}{5} = 2$

①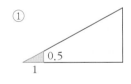

②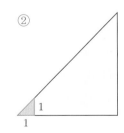

③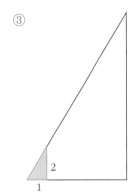

이들 '비의 값'은 모두 분모가 1일 때의 값, 즉 밑변의 길이가 1일 때의 높이를 뜻합니다.
그러므로 세 직각삼각형의 높이는 각각 밑변의 0.5배, 1배(같음), 2배입니다.
그림에서 밑변을 1로 같게 하면 높이가 가장 높은, 그래서 빗변의 기울기가 가장 가파른 직각삼각형이 ③이라는 것을 한눈에 알 수 있습니다.

이렇게 비는 '경사도'와 같이 단 하나의 수로 나타낼 수 없는 수량을 비교할 때 필요합니다. 비가 사용되는 또 다른 예를 들어봅시다.

2) 신생아의 남녀 성비

마을 A와 B에서 올해 태어난 신생아 수를 나타낸 표다. 여아에 비해 남아가 더 많이 태어난 곳은 어느 마을일까?

	남	여	전체
마을A	6	4	10
마을B	11	9	20

두 마을의 남아 수를 단순 비교하면 각각 6명과 11명이므로, 뺄셈 11−6=5로부터 B마을에서 남아가 5명 더 많이 태어났다고 말할 수 있어요.

그러나 '여아에 비해 남아가 더 많이 태어난 곳'을 알려면, 남아와 여아 수라는 두 개의 수량을 상대적으로 비교해야 해요. 그래서 '여아를 기준으로 남아의 비' 또는 '남아 대 여아의 비'가 필요합니다.

- 마을 A의 신생아 남녀 '비'

  (남아 수) : (여아 수) = $6 : 4 = \dfrac{6}{4} = \dfrac{3}{2} = 1.5$

- 마을 B의 신생아 남녀 '비'

  (남아 수) : (여아 수) = $11 : 9 = \dfrac{11}{9} = 1.222\cdots = 1.\dot{2}$ ◄ 1.2̇ : 소수점 이하에서 2가 한없이 반복된다는 것을 이렇게 표기한다. 앞의 151쪽에서 자세히 설명되어 있다.

비의 값이 1.5 >1.2̇이므로 여아에 비해 남아가 더 많이 출생한 곳은 마을 A임을 알 수 있습니다.

두 마을의 '남아 대 여아'의 비의 값 1.5와 1.222…의 의미를 좀 더 생각해 봅시다. 남아 수를 여아 수로 나누었으므로 여아가 1일 때의 남아의 비를 말해요. 따라서 A마을에서는 남아가 여아의 1.5배, B마을에서는 남아가 여아의 1.222…배 많이 태어났음을 알려줍니다.

한편, 비의 값에 100을 곱한 값을 '백분율'이라고 하고 %(퍼센트)로 나타냅니다. 위의 예제에서 두 마을의 '남아 대 여아'의 비의 값을 백분율로 나타내면 각각 다음과 같습니다.

	마을A	마을B
(남아) : (여아)	6 : 4	11 : 9
비의 값	1.5	1.222…
백분율	150 (%)	122.2… (%)

비의 값이 여아 수가 1일 때의 남아 수인 것에 비해, 백분율은 여아 수가 100일 때의 남아 수가 각각 150과 122.2…임을 나타냅니다. 또 다른 비의 예를 살펴봅시다.

3) 농구팀의 봄 리그 성적

우리 학교 농구팀은 봄 리그전에서 3승 4패, 가을 리그전에서는 5승 8패의 성적을 거두었다. 봄과 가을 리그 중 어느 성적이 더 좋은가?

봄 리그에서 3번 이겼고 가을 리그에서 5번 이겼다고 해서 가을 리그 성적이 더 좋은 것은 아니에요. 이긴 경기 수가 패한 경기 수에 비해 상대적으로 얼마나 더 많은가를 비교해야 하니까요. 이때 '비'가 필요한데, 다음과 같이 구할 수 있습니다.

- (봄 리그) 승 : 패 = 3 : 4 = $\frac{3}{4}$ = 0.75 = 75%
- (가을 리그) 승 : 패 = 5 : 8 = $\frac{5}{8}$ = 0.625 = 62.5%

0.75 > 0.625이므로 봄 리그 성적이 더 좋다는 결론을 얻었습니다.

위에서 비의 값을 분수로 나타내어 비의 값 0.75(75%)와 0.625(62.5%)를 얻었습니다. 이는 나눗셈의 값이므로 분모, 즉 패한 경기 수가 1(백분율로 하면 100)일 때 이긴 경기 수를 나타냅니다. 비의 값이 모두 1보다 작으므로 봄과 가을 리그 모두 패한 경기가 승리한 경기보다 더 많다는 사실도 알 수 있습니다.

그런데 3 : 4와 5 : 8이라는 두 비를 비교하는 또 다른 방법이 있습니다. 이긴 경기를 ○, 진 경기를 ×표로 봄과 가을 리그의 성적을 다음과 같이 나타냅니다.

(봄 리그) 3 : 4	(가을 리그) 5 : 8
○○○××××	○○○○○×××××××××

분수에서 $\frac{3}{4} = \frac{6}{8}$이 성립하듯이, 비에서도 3 : 4 = 6 : 8이 성립합니다. 따라서 다음이 성립합니다.

(봄 리그)승 : 패 = 3 : 4 = 6 : 8	(가을 리그)승 : 패 = 5 : 8
○○○×××× ○○○××××	○○○×××× ○○ ××××

패한 경기 수가 똑같이 8이므로 봄 리그 성적이 더 좋다는 것을 다시 한번 확인할 수 있습니다. 비 개념이 적용되는 마지막 예로 '농도'를 살펴봅시다.

4) 농도

병A에는 10g의 소금이 용해된 소금물 100g이 들어 있고, 병B에는 15g의 소금이 용해된 소금물 200g이 들어 있다. 어느 병에 든 소금물이 더 짠맛이 날까?

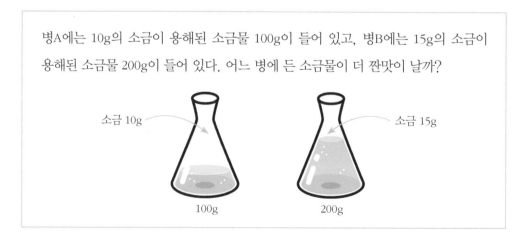

소금 10g → 100g   소금 15g → 200g

짠맛은 소금의 양에 의해 결정됩니다. 병A와 병B에 들어 있는 소금의 양은 각각 10g과 15g이므로 뺄셈 15-5=5에 의해 병B의 소금이 5g 더 낳다고 할 수 있죠. 하지만 짠맛은 소금이 녹아 있는 물의 양까지 고려해야 합니다.

 그러므로 소금물의 양을 기준으로 소금의 양이 상대적으로 얼마나 들어 있는가를 나타낸 '소금 대 소금물', 즉 '소금물에 대한 소금의 비'를 다음과 같이 구할 수 있습니다.

병A 소금물에 대한 소금의 비=(소금)÷(소금물)=$\dfrac{\text{소금 양}}{\text{소금물 양}}=\dfrac{10}{100}=\dfrac{1}{10}=0.1=10(\%)$

병B 소금물에 대한 소금의 비=(소금)÷(소금물)=$\dfrac{\text{소금 양}}{\text{소금물 양}}=\dfrac{15}{200}=\dfrac{3}{40}=0.075=7.5(\%)$

비의 값이 0.1>0.075이므로 병A의 소금물이 더 짠맛을 냅니다.

위의 풀이에서 특히 비의 값에 각각 100을 곱하여 백분율로 나타낸 10%와 7.5%를 소금물의 '농도'라고 합니다. 농도는 뒤에서 자세히 살펴봅니다.

비에 대한 개념을 묻는 다음 문제를 풀어보세요. 이어서 비율에 대하여 살펴봅니다.

(문제 6) 다음 물음에 답하시오.

(1) 바둑판에 흰 돌 3개, 검은 돌 8개가 놓여 있다. 흰 돌 대 검은 돌의 비는? 흰 돌에 대한 검은 돌의 비는?

(2) 강아지 6마리와 고양이 9마리가 있을 때, 고양이 대 강아지의 비는? 고양이에 대한 강아지의 비는?

 '비'가 필요할 때

직각삼각형에서 빗변의 기울기, 신생아의 남녀 성비, 농구팀의 성적 비교, 농도와 같이 하나의 수로 비교할 수 없는 수량을 비교하려면 비가 필요하다.

비로 나타낼 때 주의할 점

(1) 비를 나타낼 때는 항의 순서가 중요하다.

예를 들어, 남자 3명과 여자 2명을 비로 나타내는 방법은 다음 두 가지다.

(남자) : (여자) = 3 : 2 = $\dfrac{3}{2}$ = 1.5 ⟶ (A)

(여자) : (남자) = 2 : 3 = $\dfrac{2}{3}$ = 0.666··· ⟶ (B)

A는 여자에 대한 남자의 비, 즉 여자를 기준으로 남자의 비를 말한다. B는 남자에 대한 여자의 비, 즉 남자를 기준으로 여자의 비를 말한다.

분모와 분자가 다르면 같은 분수가 아니듯이, 비에서도 앞의 항과 뒤의 항이 다르면 같은 비가 아니다.

(2) '몇 대 몇'이라고 하여 항상 비를 나타내는 것은 아니다. 다음 예에 주목하자.

"우리나라는 일본과의 축구 경기에서 2 : 0 (2 대 0)이라는 2골 차의 기분 좋은 승리를 거두었다."

이때 '2 대 0'은 비가 아니다. 일본의 득점(0)을 기준으로 우리 축구팀의 득점(2)를 상대적으로 비교하는 것이 아니기 때문이다. '두 골 차'라는 표현에서도 비가 아님이 드러난다. 이때의 '대'는 비를 뜻하는 것이 아니라, 단지 경기에서 두 팀의 점수를 구별하기 위한 용어에 불과하다.

(3) 두 수량의 비는 분수로 나타낼 수 있지만, 세 개의 수량을 비교하는 경우에는 분수로 나타낼 수 없다. 예를 들어 그림과 같은 직육면체의 가로, 세로, 높이를 비교하는 경우에도 다음과 같이 비로 나타내지만, 이를 분수로 나타낼 수는 없다.

(가로):(세로):(높이) = 60:75:45 = 4:5:3

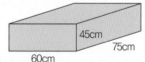

물론 '가로 대 세로' 또는 '가로 대 높이'와 같이 두 개의 수량을 비교할 때에는 분수 표기가 가능하다.

(가로):(세로)=60:75=$\dfrac{60}{75}$=$\dfrac{4}{5}$ (세로):(높이)=75:45=$\dfrac{75}{45}$=$\dfrac{5}{3}$ (높이):(가로)=45:60=$\dfrac{45}{60}$=$\dfrac{3}{4}$

어떤 수량을 상대적으로 비교할 때 사용되는 '몇 대 몇'이라는 '비'를 배웠습니다. 그런데 비 이외에 '비율'도 비교 상황에 사용됩니다. '비'와 '비율'은 어떻게 다를까요? 흥미진진한 비율에 대해 알아봅시다.

앞에서 '비'의 예로 다음 4가지 경우를 설명하였습니다

① 빗변의 기울기
② 신생아의 남녀 성비
③ 농구팀의 봄 리그 성적
④ 농도

이들은 모두 '비'에 해당하지만 미묘한 차이가 있답니다. 먼저 2가지 질문으로 시작합니다.

A마을에서 태어난 10명의 신생아 가운데 남아가 6명이고 여아가 4명이므로, 6:4의 비로 나타낼 수 있다. 이 비가 계속 같다고 말할 수 있을까?

승 : 패 = 3: 4
농구팀의 성적을 비교할 때 3승 4패라는 전적은 지금까지의 7경기에서 거둔 성적이다. 다음 7경기의 전적도 계속 똑같을까?

앞에서 든 비의 예 가운데 ②신생아의 남녀 성비와 ③농구팀의 봄 리그 성적은 이후에도 계속 똑같을 거라는 어떤 보장이나 근거도 없습니다. 반면에 ①빗변의 기울기와 ④농도에서의 비는 구별됩니다.

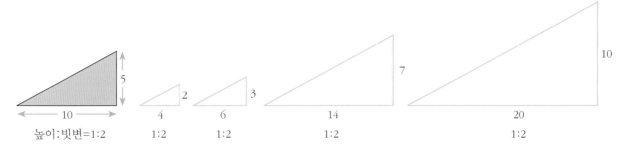

모양이 같은 직각삼각형이면 빗변의 기울기는 항상 똑같습니다. 즉, 기울기를 나타내는 높이와 밑변의 비 5:10(=1:2)는, 밑변과 높이의 길이와 관계없이 항상 같습니다.

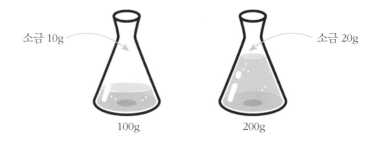

소금과 소금물의 비가 1:10인 소금물은 항상 똑같은 맛을 유지합니다.

이렇듯 상황이 달라져도 똑같이 적용되는 비를 '비율'이라고 해요. 따라서 비율은 '특별한 비'라고 할 수 있어요. 일상생활에서 흔히 접할 수 있는 농도, 할인율, 속력, 인구밀도 등은 모두 비율입니다. 이러한 비율의 예를 차례로 살펴볼 텐데요, 먼저 '비례식'의 성질을 알아봅시다.

'비'와 '비율'

비 : 상대적으로 비교를 할 때 사용

비율 : 특별한 비. 변하지 않고 일정한 값을 유지할 때 쓰임.
- 직각삼각형의 밑변과 높이의 비를 나타내는 **경사도**
- 소금과 소금물의 비를 나타내는 **농도**
- 달린 거리와 시간의 비를 나타내는 (일정한) **속력**

1 비례식의 성질

비례 관계를 나타내는 '비례식'의 성질을 직각삼각형 빗변의 기울기에서 찾아보겠습니다.
같은 모양의 직각삼각형에서 빗변의 기울기를 나타내는 비는 항상 일정하므로 '비율'이라
합니다. 이 직각삼각형의 밑변이 8일 때, 비율을 이용하여 높이를 구할 수 있습니다

밑변	6	8
높이	3	(a)

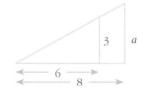

기울기를 나타내는 밑변과 높이의 비를 다음 식으로 나타낼 수 있습니다.

$$3 : 6 = a : 8 \longrightarrow \frac{3}{6} = \frac{a}{8} \longrightarrow \frac{3 \times 8}{6 \times 8} = \frac{a \times 6}{8 \times 6} \longrightarrow \frac{24}{48} = \frac{a \times 6}{48}$$

분모를 같게

분모가 같으므로 분자도 같게 하려면, $a \times 6 = 24$가 되어 $a = 4$입니다.
이 풀이 과정을 다음과 같이 요약하여 정리할 수 있습니다.

> **비례식의 성질**
>
> $A:B=C:D$이므로 $\frac{A}{B} = \frac{C}{D}$에서 분모를 같게 하면 $\frac{A \times D}{B \times D} = \frac{B \times C}{B \times D}$이다.
>
> 그러므로 $A \times D = B \times C$이다.

비례식 A:B=C:D를 $\frac{A}{B}=\frac{C}{D}$로 나타내어 A×D=B×C를 얻었습니다.

한편, 비례식 A:B=C:D에서 A와 D를 밖에 있다고 하여 '외항', B와 C는 안에 있다고 하여 '내항'이라고 합니다. 그러므로 외항의 곱과 내항의 곱이 같다는 것을 위의 식에서 알 수 있습니다.

비례식에 대한 성질을 이해했으니 이제 일상생활에서 사용되는 여러 가지 비율에 대하여 차례로 살펴봅시다.

비례식의 성질

A:B=C:D일 때 A×D=B×C이다.

즉, 외항의 곱과 내항의 곱이 같다.

2 농도

소금물 전체 양에 대한 소금 양의 비를 '농도'라고 하며, 짠맛의 정도를 나타냅니다. 이때 소금물을 '용액'이라고 하는데, 용액은 소금이라는 '용질'을 물이라는 '용매'에 녹여 만든 혼합물이에요. 설탕물이나 사과주스의 경우는 설탕과 사과 원액과 같은 '용질'을 '용매'인 물에 녹여 만든 '용액'인 것이죠.

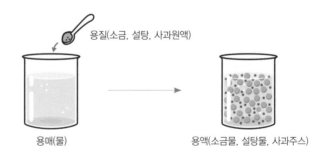

용질(소금, 설탕, 사과원액)

용매(물)   용액(소금물, 설탕물, 사과주스)

용액의 진한 정도를 나타내는 농도는 '용질 대 용액의 비' 또는 '용액에 대한 용질의 비'로서, 농도를 구하는 식은 다음과 같습니다.

$$(농도) = (용질의\ 양) : (용액의\ 양)$$
$$= (용질의\ 양) \div (용액의\ 양)$$
$$= \frac{용질의\ 양}{용액의\ 양}$$

그러므로 용액의 양이 같을 때 용질의 양이 많아질수록 진한 용액이 됩니다.

농도가 같은 용액은 항상 일정한 맛을 유지하기 때문에, 농도를 나타내는 비는 직각삼각형 빗변이 경사도와 같이 비율입니다. 농도와 관련한 문제 유형이 여럿 있는데, 이를 차례로 살펴봅니다.

문제유형 ① 농도 구하기

사과 원액 150g과 물 450g을 혼합한 사과주스를 유리병에, 사과 원액 180g과 물 570g을 혼합한 사과주스를 패트병에 담았다. 어느 것이 더 진한 맛을 낼까?

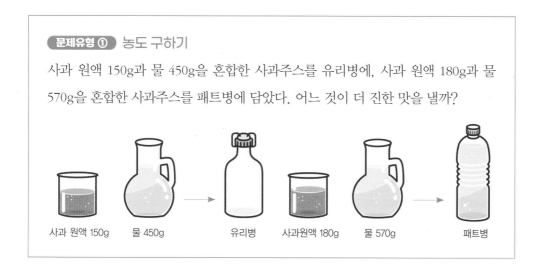

사과 원액 150g   물 450g   유리병   사과원액 180g   물 570g   패트병

문제를 다음과 같이 표로 나타낼 수 있습니다.

	유리병	패트병
사과 원액(용질)	150	180
물(용매)	450	570
사과주스(용액)	600	750

각각의 농도를 구해봅니다.

일반적으로 농도는 비율에 100을 곱한 값, 즉 백분율(퍼센트)로 나타낸다.
A의 농도(백분율) : 0.25 × 100 = 25(%)
B의 농도(백분율) : 0.24 × 100 = 24(%)

유리병 주스 농도 = (사과 원액) ÷ (사과주스 양) = 150 ÷ 600

$$= \frac{150}{600} = \frac{25}{100} = 0.25 = 25\%$$

패트병 주스 농도 = (사과 원액) ÷ (사과주스 양) = 180 ÷ 750

$$= \frac{180}{750} = \frac{24}{100} = 0.24 = 24\%$$

유리병의 주스 농도가 패트병의 주스 농도보다 1% 더 높게 나왔네요. 즉, 유리병에 든 사과주스의 맛이 약간 더 진하다는 것을 알 수 있습니다. 이처럼 농도는 용액의 진한 정도를 알려줍니다.

'농도'라는 비율

유리병

	유리병	비율	농도(백분율)
사과 원액 (용질)	150	0.25	25
사과주스 (용액)	600	1	100

÷600　×100

패트병

	패트병	비율	농도(백분율)
사과 원액 (용질)	180	0.24	24
사과주스 (용액)	750	1	100

÷750　×100

- 두 병에 들어 있는 용액의 농도 0.25와 0.24는 사과 원액(용질)의 양을 주스(용액)의 양으로 나눈 값이다. 즉, 주스 양이 1일 때 사과 원액의 양이다.
- 백분율 25%와 24%로 표기된 농도는 주스 양이 100일 때 사과 원액의 양이다.

이처럼 용액과 용질의 양을 알면 농도를 구할 수 있습니다. 반대로 농도를 알면, 용액이 나 용질의 양을 구할 수도 있습니다. 다음 문제유형에서 알아봅니다.

문제유형 ② 농도로부터 용액, 용질, 용매의 양을 구하기

농도 25%인 사과 주스를 다음 표와 같이 컵A와 컵B에 담았을 때, 표의 빈칸을 채우면?

농도 25% 주스	컵 A	컵 B
사과 원액(용질)	30	(c)
물(용매)	(a)	(d)
사과주스(용액)	(b)	200

같은 유리병에서 따른 주스의 농도는 변하지 않으므로 용질과 용액의 비가 같습니다. 따라서 다음 식이 성립합니다.

컵 A의 농도 $30:b=25:100$

$30 \times 100 = 25 \times b$ 비례식의 성질

그러므로 $b=120$

> **[비례식의 성질]**
> A:B=C:D이므로 A×D=B×C 이다. 즉, 외항의 곱과 내항의 곱이 같다.

컵 B의 농도 $c:200=25:100$

$100 \times c = 25 \times 200$ 비례식의 성질

그러므로 $c=50$

그리고 용매의 양은 전체 용액에서 용질의 양을 뺀 값이므로 다음과 같이 구할 수 있습니다.

$d=200-c=200-50=150$

$a=b-30=120-30=90$

문제 7 병A와 병B에 들어 있는 소금물의 짠맛을 비교하는 다음 풀이 과정에서 빈칸을 채우시오.

A : 18g의 소금(용질)이 들어 있는 소금물(용액) 200g

B : 57g의 소금(용질)이 들어 있는 소금물(용액) 600g

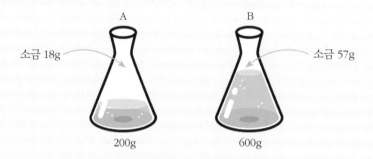

(1) 나눗셈으로 소금물의 농도를 구한다.

A : (소금의 양) ÷ (소금물의 양) = (　　) ÷ (　　) = (　　)

B : (소금의 양) ÷ (소금물의 양) = (　　) ÷ (　　) = (　　)

따라서 소금물 A가 1g일 때 소금의 양은 (　　)g이고, 소금물 B가 1g일 때 소금의 양은 (　　)g이다. 이 값에 100을 곱한 값, 즉 백분율이 각각의 농도이므로 소금물 A의 농도는 (　　)%이고, 소금물 B의 농도는 (　　)%이다.

(2) 표를 이용해 소금물의 농도를 구한다.

병A : 소금(용질)과 소금물(용액)의 비는 (　　) : (　　)이다.

소금(용질, g)	18		
소금(용액, g)	200	1	100

병A에 들어 있는 소금물의 농도를 백분율로 나타내면 (　　　)%이다.

병B : 소금(용질)과 소금물(용액)의 비는 (　　) : (　　) 이다.

소금(용질, g)	57		
소금(용액, g)	600	1	100

병B에 들어 있는 소금물의 농도를 백분율로 나타내면 (　　　)%이다.

따라서 병(　　)에 들어 있는 소금물이 더 짜다.

문제 8

(1) 소금물 250g에 들어 있는 소금의 양이 13g일 때, 이 소금물의 농도는 얼마일까?

(2) 달걀 20g에 들어 있는 단백질 양은 2.8g이라고 합니다. 단백질 양을 백분율로 나타내면?

문제유형 ⑤ 주어진 농도에서 용질의 양을 구하기

농도 2.5%인 소금물 500g에 들어 있는 소금의 양은?

이번에는 농도를 알고 있을 때, 용질의 양을 구하는 문제유형이에요. 두 가지 풀이 방법이 있습니다.

㉠ **표를 이용한 풀이**

×5

소금	2.5g	
소금물	100	500

×5

따라서 소금의 양은 12.5g예요.

㉡ **비례식의 성질을 이용한 풀이**

농도가 2.5%이므로 소금물(용액)의 양이 100일 때 소금(용질)의 양은 2.5g입니다. 따라서 소금물 500g에 들어 있는 소금의 양을 A라 하였을 때 다음이 성립합니다.

$$\frac{2.5}{100} = \frac{A}{500} \longrightarrow 100 \times A = 2.5 \times 500 = 1250$$

$$A = 12.5$$

따라서 소금의 양은 12.5g입니다.

문제 9 다음 용질의 양을 구하세요.

(1) 농도 3%인 소금물 200g에 들어 있는 소금의 양은?

(2) 농도 1.25%인 설탕물 300g에 들어 있는 설탕의 양은?

(3) 구리가 12% 들어있는 합금 400g에 들어 있는 구리의 양은?

문제유형 ④ 농도가 다른 두 개의 용액을 혼합하는 문제

딸기 80g과 바나나 100g을 얼음물에 함께 넣어 혼합 주스 500mL을 만들었다. 딸기 400g으로 같은 맛의 혼합 주스를 얼마나 만들 수 있으며, 이때 바나나는 얼마나 필요한가?

두 가지 용액을 혼합한 새로운 농도의 새로운 용액을 만드는 문제입니다.

㉠ 표를 이용한 풀이

혼합주스(mL)	500	A
바나나(g)	100	B
딸기 (g)	80	400

$\times 5$

따라서 A는 $500 \times 5 = 2500$(mL)$=2.5$L이고, B는 $100 \times 5 = 500$(g)입니다.

㉡ 비례식의 성질을 이용한 풀이

처음 주스와 맛이 같으므로(농도가 같으므로) 다음의 비례식이 성립합니다.

(혼합주스의 양) : (딸기의 양) = 500 : 80 = A : 400

(바나나의 양) : (딸기의 양) = 100 : 80 = B : 400

비례식의 성질에 따라 답을 구할 수 있습니다.

$$80 \times A = 500 \times 400, \ 80 \times B = 100 \times 400$$

따라서 혼합 주스의 양 A는 2500(mL)$=2.5$L이고, 바나나의 양 B는 500(g)입니다.

문제유형④의 핵심은 문제 속에 들어 있는 '같은 맛'이라는 구절이에요. 즉, 딸기와 바나나를 섞은 혼합주스의 맛이 같다는 것은, 수학적으로 각각의 요소들의 비가 처음에 만든 주스와 같다는 것을 말합니다. 비례식이 성립하는 근거입니다.

> **문제 10** 위의 [문제유형④]에서 바나나 33g으로 같은 맛의 혼합 주스를 얼마나 만들 수 있으며 이때 딸기는 얼마나 필요할까?

③ 속력

농도에 이어 또 다른 비율을 살펴봅니다. 바로 얼마나 빠른가를 알려주는 '속력'인데요, 속력은 단위 시간(1시간)에 이동한 거리예요. 이동한 거리를 걸린 시간으로 나눈 값이죠. 즉, 시간(제수)이 1(단위)일 때의 거리(피제수)를 나타냅니다. 그러므로 속력은 이동한 시간에 대한 거리의 비율입니다.

이를 다음과 같이 식으로 나타낼 수 있습니다.

$$속력 = (이동한 거리) : (시간) = (이동한 거리) \div (시간)$$
$$= \frac{이동한 거리}{시간}$$

위의 나눗셈 결과는 제수인 시간이 1일 때 피제수의 값, 즉 이동한 거리예요. 분수로도 나타낼 수 있는데, 예를 들어 1시간에 이동한 거리는 시속, 1분에 이동한 거리는 분속, 1초에 이동한 거리는 초속으로 각각 다음과 같이 표기합니다.

예 1시간에 달린 거리가 60km ⟶ 시속 60km ('60km/시'라고 표기)

 1분에 달린 거리가 500m ⟶ 분속 500m ('500m/분'이라고 표기)

 1초에 달린 거리가 30m ⟶ 초속 30m ('30m/초'라고 표기)

그러므로 속력을 다루기 위해서는 우선 시간과 거리의 단위를 적절하게 조정해야만 합니다. 단위가 얼마나 중요한지 다음 예제를 통해 살펴봅시다.

문제유형 ① 속력 단위의 중요성

약한 태풍의 중심 최대 풍속은 초속 약 20m(20m/초)입니다. 진철은 노선마다 다를 수 있지만 최고 시속 약 70km까지 달릴 수 있습니다. 태풍과 전철 중 어느 것이 더 빠를까?

문제에서 단위를 유의해서 보세요. 태풍의 속력은 1초를 기준으로 하는 초속으로 나타냈습니다. 그리고 전철은 1시간을 기준으로 하는 시속으로 표기되었죠. 따라서 속력 단위가 같도록 조정해야 해요. 즉, 이 문제에서는 태풍의 속력을 크기가 큰 시속으로 나타내는 것이 중요합니다.

분모와 분자에 같은 수를 곱했어요!

• 태풍의 속력 : $20(\text{m}/\text{초}) = \dfrac{20(\text{m})}{1(\text{초})} = \dfrac{20 \times 3600(\text{m})}{1 \times 3600(\text{초})} = \dfrac{72(\text{km})}{1(\text{시간})} = 72(\text{km}/\text{시간})$

• 전철의 최고 속력 : $70(\text{km}/\text{시간})$

그러므로 약한 태풍이라 하더라도 풍속은 전철의 최고 속력보다도 빠르다는 것을 알 수 있어요. 물론 태풍의 속력을 구할 때, 앞에서와 같이 표로 나타낼 수도 있습니다.

거리	20m	20m×60=1200m=1.2km	1.2km×60=72km
시간	1초	1분 (60초)	1시간 (60초×60=3600초=60분)

×60   ×60

이와 같이 단위가 다를 때에는 기준이 되는 분모의 단위를 같게 한 후에 속력을 비교해야 합니다.

문제 11

(1) 중간급 태풍의 최대 풍속은 초속 약 30m라고 한다. 고속도로에서 달리는 자동차의 제한 속력인 시속 100km보다 빠르다고 할 수 있을까?

(2) 2019년 9월에 발생한 제 13호 태풍 링링의 최대 풍속은 초속 46m의 중형 태풍이었다. 고속도로에서 달리는 자동차의 제한 속력인 시속 100km보다 얼마나 더 빠른가?

문제유형 ② 속력 구하기

집에서 600m 떨어진 학교까지 걸어서 12분에 도착했다. 같은 속도로 학교에서 1km 떨어진 공원까지 걸을 때 걸린 시간은?

풀이 1 이번에는 '시간에 대한 이동 거리'라는 비율로서의 속력을 직접 구해봅시다. 같은 속도지만 단위가 다르므로, 먼저 1km를 1000m로 조정합니다. 그리고 문제 상황을 파악하기 위해 다음과 같이 표를 작성합니다.

A : 속력

걸어간 거리(m)	600	A	1000
시간(분)	12	1	B

$\times \frac{1}{12}$ $\times 20$

속력, 즉 1분에 걸어간 거리인 분속을 구합니다. 600m를 12분 만에 도착했으므로, 1분에 걸어간 거리는 다음과 같습니다.

$$600(\text{m}) \div 12(\text{분}) = 50(\text{m}/\text{분}) \quad \text{(거리)} \div \text{(시간)} = \text{(속도)}$$

이제 1분에 50m의 속도로 걷는다는 것을 알았으니, 1000m를 걷는 데 걸리는 시간을 구할 수 있습니다.

$$1000(\text{m}) \div 50(\text{m/분}) = 20(\text{분}) \quad \text{(거리)÷(속도)=(시간)}$$

위의 표에서 A값은 1분에 가는 거리이므로, 속력이 50(m/분)임을 알려줍니다. 그리고 1000m인 거리를 속력으로 나누면 걸린 시간을 구할 수 있습니다.

풀이 2 그런데 이 문제는 앞서 배웠던 비례식의 관계를 적용할 수도 있습니다. '같은 속도'라는 문제의 조건에 의해 다음 비례식이 성립하니까요.

$$\text{(걸어간 거리):(시간)} = 600 : 12 = 1000 : B$$

따라서 $600 \times B = 12 \times 1000 = 12000$ 이므로 $B = 20(\text{분})$

이처럼 굳이 공식을 사용하지 않아도 비례식에 의해 답을 구할 수 있네요!

속력이라는 비율

속력 = (이동한 거리) ÷ (시간) ⟶ 이동한 거리 = (속력) × (시간)

시간 = (이동한 거리) ÷ (속력)

속력 구하는 식으로부터 다른 식을 유도할 수 있습니다. 시간, 거리, 속력에 관해 좀 더 복잡한 문제를 하나 더 살펴봅시다.

문제유형 ③ 달린 거리 구하기

길이가 80m인 열차가 240m인 터널을 완전히 통과하는 데 걸린 시간은 8초였다. 이 열차의 속력은?

풀이 1 속력을 구하기 위해 달린 거리와 시간을 알아야 합니다.

길이가 240m인 터널을 열차가 '완전히 통과'하는데 8초가 걸렸다면, 이동한 거리는 터널 길이와 열차 전체의 길이의 합이라는 사실에 주목해야 합니다. 열차의 앞부분이 터널에 진입하고 나서 마지막 차량의 뒷부분이 터널을 빠져나올 때까지, 즉 열차의 앞부분이 이동한 거리를 말하니까요. 다음 그림을 보세요.

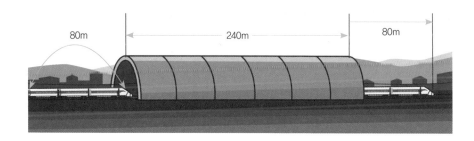

그러므로 열차가 이동한 거리는 240(m)+80(m)=320(m)입니다.

이때 걸린 시간이 8초이므로 속력은 다음과 같이 구할 수 있습니다.

$$\text{열차의 속력} = \frac{\text{달린거리}}{\text{시간}} = \frac{320}{8} = 40(\text{m/초}) = 144(\text{km/시간})$$

풀이 2 물론 위의 예제도 다음과 같이 비례식으로 풀 수 있습니다.

$$\text{거리 : 시간} = 320 : 8 = \boxed{\text{거리}} : 1$$

위의 비례식에서 **거리** : 1은, 1초일 때 달린 거리를 뜻합니다.

$$320 : 8 = \boxed{\text{거리}} : 1$$

외항과 내항의 곱이 같으므로 $320 \times 1 = 8 \times \boxed{\text{거리}}$

따라서 $\boxed{\text{거리}} = 320 \div 8 = 40(\text{m})$

속력을 구하는 문제이므로, 답은 40(m/시간)입니다.

문제 12 다음 물음에 답하시오.

(1) 시속 2km의 속력으로 산에 올라 3시간 후에 정상에 도착했습니다. 등산한 거리는 얼마인가요? 정상에서 같은 등산로를 따라 2시간 만에 출발지점에 도착하였다면 하산할 때의 속력을 구하세요.

(2) 분속 50m의 속도로 집에서 학교까지 걸어 12분 만에 도착했습니다. 집에서 학교까지의 거리를 구하세요. 학교를 마치고 오후 4시에 분속 60m의 속력으로 집까지 걸었을 때 집에 도착한 시각은?

(3) 길이가 200m인 고속열차가 길이가 1.6km인 터널을 완전히 통과하는 데 걸린 시간은 4초였습니다. 이 고속열차의 속력은?

(4) 길이가 150m인 전철이 시속 65km의 속력으로 터널을 완전히 통과하는 데 걸린 시간은 11초였습니다. 이 터널의 길이를 구하면?

④ 인구밀도

'단위 시간에 이동한 거리'를 나타내는 '속력'이 비율인 것처럼, '단위 넓이에 사는 인구수'를 나타내는 인구밀도 역시 비율입니다. 이때 단위 넓이는 1제곱킬로미터(km^2)를 말합니다. 그러므로 인구밀도는 일정한 넓이의 토지에 얼마나 많은 사람이 밀집하여 거주하는가를 보여주는 지표로 다음과 같은 식으로 나타냅니다.

$$인구밀도 = (인구) \div (넓이) = \frac{인구(명)}{넓이(km^2)}$$

> **예제 1** 인구밀도 구하기
>
> 전체 넓이가 1800km²인 제주도의 인구는 590,000명이다. 서울의 전체 넓이는 600km²이고 인구는 10,160,000명이다. 어느 곳의 인구밀도가 높을까?

인구밀도를 구하는 식에 따라 인구밀도를 구합니다.

• 제주도 인구밀도 : 590000(명) ÷ 1800(km²) = $\dfrac{590000}{1800}$ = 327.7⋯(명/km²)

따라서 제주도에는 넓이 1km²에 사람이 약 328명이 살고 있습니다.

• 서울 인구밀도 : 10160000 ÷ 600 = $\dfrac{10160000}{600}$ = 1693.3⋯(명/km²)

따라서 서울에는 넓이 1km²에 사람이 약 1,693명이 살고 있습니다.

그러므로 서울의 인구밀도가 제주도의 인구밀도보다 약 5배 정도 높다는 것을 알 수 있습니다.

> **문제 13** 필리핀의 수도 마닐라의 전체 넓이가 1800km²이고 인구가 1,652,000명이다. 서울은 전체 넓이가 600km²이고 인구가 10,160,000명이다. 다음 물음에 답하시오.
>
> (1) 마닐라 인구에 대한 서울 인구의 비율은?
> (2) 마닐라 넓이에 대한 서울 넓이의 비율은?
> (3) 마닐라의 인구 밀도는 서울의 인구밀도보다 높은가 또는 낮은가?

지금까지 살펴본 비율은 주어진 상황에서 일정하게 유지되는 비를 말합니다.
• 직각삼각형의 빗변이 얼마나 가파른가를 알려주는 높이 : 밑변
• 소금물이나 설탕물 또는 주스가 얼마나 진한 맛인지를 알려주는 용질 : 용액
• 얼마나 빠르게 이동했는가를 알려주는 거리 : 시간
• 얼마나 많은 사람들이 밀집하여 살고 있는지를 알려주는 인구 : 넓이

이 비들은 일정하게 유지되기 때문에 모두 비율이었습니다. 따라서 모든 비율은 비로 나타낼 수 있지만, 모든 비가 비율은 아닙니다. 비율이 될 수 있는가의 여부는 상황에 따라 다를 수 있습니다. 그럼 어떤 비가 비율이 될 수 있는지에 대하여 사례를 살펴봅시다.

예제 2 비율 판별하기

다음 중 비율은?

㉠ 우리 반 학생 28명 중에서 애완동물을 기르는 학생과 기르지 않는 학생의 비가 3:4다.

㉡ 맞물려 돌아가는 두 개의 톱니바퀴의 톱니의 비가 15:20이다.

㉢ 어느 직사각형의 둘레의 길이와 넓이의 비가 12:9다.

㉣ 올해 나와 엄마의 나이 비는 2:5다.

㉤ 정육점에서 파는 돼지고기는 500g에 20,000원이다.

㉠ 다른 반과 비교하기 위해 3:4라는 비를 계속 사용한다면 비율이라 할 수 있어요. 그렇지 않으면 3:4라는 비만으로 충분합니다.

㉡ 톱니바퀴가 고장이 나지 않는 한. 톱니의 비 15:20(즉, 3:4)는 일정하게 유지되므로 비율이라 할 수 있습니다.

㉢ 직사각형의 형태가 바뀌지 않는 한, 이 비는 일정하게 유지되므로 비율이에요.

㉣ 해가 바뀌어 나이를 한 살씩 먹으면 2:5가 될 수 없으므로 비율이 아니에요. 하지만 이 비가 일정하게 유지되는 올해만큼은 비율이라 할 수 있습니다.

㉤ 돼지고기 가격은 무게에 의해 결정됩니다. 즉, 가격 : 무게 =20000 : 500 이라는 비가 일정하게 유지되므로 비율입니다.

문제 14 다음을 비율로 나타내시오.

(1) 50초 동안 영상통화를 하면 1,815원의 요금을 지불해야 한다. 초당 통화 요금
   은 얼마인가?

(2) 1시간 30분 동안 소설책 135쪽을 읽었다. 분당 독서량은 얼마인가?

(3) 15g의 소금이 용해된 소금물 200g의 농도는 얼마인가?

(4) 120m를 20초에 달렸을 때 속력은 얼마인가? 초속과 시속을 모두 구하세요.

비와 비율의 재발견

상대적인 비교를 할 경우 쓰이는 비와 비율, 그러나 둘은 다르다!

· 비 : '몇 대 몇'의 비

$$3{:}4 \quad = \quad \frac{3}{4} \quad = \quad 0.75$$

비 　　　 분수로 표기 　　 비의 값

· 비율 : 일정하게 유지되는 비

속력 : 시속 km (km/시) ⟶ '거리 대 시간'의 비

농도 : % ⟶ '용질 대 용액'의 비

인구밀도 : 명/km^2 ⟶ '인구 대 넓이'의 비

할인율 : % ⟶ '판매가 대 정가'의 비

비와 비율에 대한 오해

비(ratio)와 비율(rate)의 구별은 명쾌하지 않다. 수학적 정의도 불분명하고 일상생활, 특히 신문과 방송에서도 종종 잘못 사용한다. 이러한 혼란을 교과서에서도 발견할 수 있다.

> 두 수를 나눗셈으로 비교하기 위해 기호 :을 사용하여 나타낸 것을 비라고 합니다. 두 수 3과 2를 비교할 때 3 : 2라 쓰고 3 대 2라고 읽습니다.
> 3 : 2는 "3과 2의 비", "3의 2에 대한 비", "2에 대한 3의 비"라고도 읽습니다.

기호 :의 오른쪽에 있는 수가 기준이에요.

'나눗셈'으로 비교한다고 기술되어 있지만, '몇 대 몇'이라는 표기와 콜론 기호(:)만 있으면 '비'라고 인식하는 결과가 초래될 소지가 있다. 앞에서 언급했던 것처럼 축구 경기 결과인 2:0을 비라고 잘못 인식하는 빌미를 제공할 수 있다는 것이다.

다시 강조하면, 비는 차(差)가 아닌 배(倍)에 의해 여러 수량을 상대적으로 비교하기 위한 도구다. 따라서 비를 지도할 때는, 비가 필요하고 적용되는 다양한 사례를 함께 제시하는 것이 바람직하다.

한편, 비율에 대한 교과서의 기술 또한 오해를 낳을 소지가 다분하다.

> 비 10 : 20에서 기호 :의 오른쪽에 있는 20은 기준량이고, 왼쪽에 있는 10은 비교하는 양입니다.
> 기준량에 대한 비교하는 양의 크기를 비율이라고 합니다.
>
> $$(\text{비율})=(\text{비교하는 양})\div(\text{기준량})=\frac{(\text{비교하는 양})}{(\text{기준량})}$$
>
> 비 10 : 20을 비율로 나타내면 $\frac{10}{20}$ 또는 0.5입니다.

10 : 20
비교하는 양 기준량

비를 나타내는 분수를 소수로 전환하는 단순 계산이 '비율'이라는 설명은 온전하지 않다. 앞에서 언급했듯 비율은 농도, 속력, 할인율, 이율 등과 같이 특정 비가 계속 유지되는 상황에 필요한 개념이다. 비율은 2:3으로도 나타낼 수 있고, $\frac{2}{3}$과 같이 분수로도 나타낼 수 있으며, 이를 소수로도 나타낼 수 있다.

한편, 2:3과 같은 비를 $\frac{2}{3}$와 같이 분수의 형태로 표기하는 방식 때문에 또 다른 오해를 불러일으킬 수도 있는데, 이를 다음과 같이 요약 정리한다.

- 우선 분수의 영태로 표기되기 때문에 비의 값은 유리수라는 오해를 빚는다. 하지만 원둘레와 지름의 비인 π와 같은 원주율과 정사각형의 한 변과 대각선의 비 $1:\sqrt{2}(=1.4142\cdots)$와 같이 무리수인 경우도 있다.

- 비는 분수 형태로 표기되지만 그렇다고 반드시 분수인 것은 아니다. 예를 들어, 남자 10명과 여자가 하나도 없는 경우 남자와 여자의 비는 10:0이다. 그러나 이를 분수로 나타내기 어려운데, 그 이유는 분모가 0이기 때문이다.

- 비와 분수가 동일하지 않다는 사실은 다음 예에서도 알 수 있다. 첫날 2타수 1안타, 둘째 날 3타수 1안타일 때 다음이 성립한다.

  (첫째 날) 안타 : 타수 = 1 : 2   (둘째 날) 안타 : 타수 = 1 : 3
  (첫째와 둘째 날) 안타 : 타수 = (1+1) : (2+3) = 2 : 5

  이를 분수로 표기하면 다음과 같은 이상한 분수 덧셈이 된다.
  $$\frac{1}{2}+\frac{1}{3}=\frac{1+1}{2+3}=\frac{2}{5}$$

비를 분수 형태로 표기하였다고 하여 분수와 동일시할 수 없음을 보여주는 사례다. 이래저래 비는 많은 혼란을 일으키는 어려운 개념이므로 사례 중심으로 지도해야 한다.

06

> **ⓜ 중학수학 잇기**
>
> # 수학에 영어가?

중학교 수학부터는 수 대신 영어의 알파벳과 같은 '문자'를 사용합니다. 덧셈, 뺄셈, 곱셈, 나눗셈도 문자를 사용하여 나타내는 본격적인 수학식을 익히게 되는 것이죠.
그런데 왜 수 대신 문자를 사용할까요? 어떤 이점이 있을까요?

① 수를 문자로 나타내기

이미 앞에서 수 대신 문자를 사용하여 식으로 나타낸 적이 있답니다. 예를 들어 자연수의 덧셈과 곱셈과 교환법칙을 다음과 같이 나타냈습니다.

두 자연수 A와 B에 대하여 다음이 성립한다.

$$A + B = B + A$$
$$A \times B = B \times A$$

> **덧셈과 곱셈의 교환법칙** : 자연수의 덧셈과 곱셈에서 위치가 바뀌어도 값이 같다.
> 2+3=3+2=5 또는 2×3=3×2=6

위의 문장에서 '두 자연수 A, B에 대하여'라는 표현은, 알파벳 문자에 어떤 자연수든 넣을 수 있다는 뜻이에요. 잘 알다시피 자연수의 개수는 무한개죠. 그러니까 위와 같이 알파벳 문자를 사용하면 무한개의 자연수를 일일이 나열하지 않고도 덧셈과 곱셈의 교환법칙이 모든 자연수에 대해 성립한다는 것을 보여줄 수 있습니다.
또 다른 예를 들어봅시다.

$$N이 자연수일 때, 0N=0이다.$$

등식의 왼쪽에 있는 0N이 좀 낯설죠? 이때의 0N은 문자 N과 숫자 0의 곱인 N×0을 뜻해요. 곱셈 기호를 생략하고, 곱하는 숫자 0을 N 앞에 놓은 거예요. N×0=0N 1×0=0, 2×0=0, 3×0=0, …과 같이 어떤 자연수에 0을 곱하면 항상 0이 된다는 사실을, 문자 N을 사용하여 'N이 자연수일 때, 0N=0이다.'라는 한 문장으로 나타낼 수 있습니다. 또한 '0은 모든 자연수의 배수'라는 사실도 이 문장에 들어 있는 식에서 알 수 있어요. 이처럼 수학은 문자를 사용하게 되면서 단순명료하고 간결하다는 특징을 갖게 되었습니다. 그런데 문자를 사용하여 식을 표현할 때에는 몇 가지 규칙을 따라야 합니다.

① 첫 번째는 수와 문자의 곱 그리고 문자끼리의 곱을 나타낼 때는 곱셈 기호 ×를 생략합니다. 다음 예를 보세요.

- $a \times 3 = 3a$

수와 문자를 곱할 때, 곱셈 기호 ×를 생략하고 숫자는 문자 앞에 씁니다. 앞에서 보았던 N×0=0N도 이 원칙을 적용했답니다.

- $x \times (-1) = -x$

곱셈 기호 ×와 숫자 1을 모두 생략합니다. $x \times 1 = x$이므로 -1의 음수부호만 남겨 $-x$로 표기합니다.

- $a \times b \times (-3) \times a = -3a^2 b$

곱셈 기호 ×를 모두 생략하고 숫자 -3을 문자 앞에 둡니다. 문자는 알파벳 순으로 배열하고, 같은 문자의 곱은 a^2과 같이 지수가 들어 있는 거듭제곱의 꼴로 나타냅니다. a^2의 2가 지수라는 것을 기억하고 있죠?

② 문자를 사용한 식의 표현에서 두 번째 규칙은 나눗셈 기호 ÷를 생략하고, 나눗셈 기호 대신 분수 꼴로 나타낸다는 것입니다. 다음 예를 보세요.

- $a \div (-3) = \dfrac{a}{-3} = -\dfrac{a}{3}$ $\qquad a \div (-3) = a \times \left(-\dfrac{1}{3}\right) = -\dfrac{1}{3}a$

분수의 분모와 분자를 구분하는 기호 '—'는 나눗셈 기호 ÷에서 유래되었다고 했는데,

기억하고 있나요? 그래서 수와 문자 또는 문자끼리의 나눗셈을 분수로 나타낼 수 있답니다. 그리고 $\dfrac{a}{-3}$에서 분모에 있는 음의 부호를 분수 앞에 놓아 $-\dfrac{a}{3}$로 나타낸 것에 주목하세요. 물론 분자에 음의 부호가 있는 $\dfrac{-a}{3}$도 $-\dfrac{a}{3}$로 나타낼 수 있어요.

$-\dfrac{a}{3}$은 $\dfrac{1}{3}a$로도 나타낼 수 있습니다. 앞의 오른쪽 식 $a \div (-3) = a \times (-\dfrac{1}{3}) = -\dfrac{1}{3}a$를 다시 보세요. 분수의 나눗셈은 역수의 곱셈과 같으므로, 나눗셈을 곱셈으로 바꾸고 숫자를 문자 앞에 놓아 $-\dfrac{1}{3}a$로 나타냈답니다.

$$\frac{-a}{3} = -\frac{a}{3} = -\frac{1}{3}a$$

• $x \div y \times z = \dfrac{x}{y} \times z = \dfrac{xz}{y}$

곱셈과 나눗셈이 함께 들어 있으면 왼쪽에서부터 차례로 계산합니다. 그러나 곱셈 기호가 이미 생략된 경우에는 그 곱셈을 먼저 해야 합니다. 예를 들어 $x \div yz = \dfrac{x}{yz}$와 같이 나타내야 합니다.

문제 15 다음 식을 곱셈과 나눗셈 기호를 사용하지 않고 나타내시오.

(1) $a \div b \div c = a \times \dfrac{1}{b} \times \dfrac{1}{c} = \dfrac{a}{bc}$

(2) $a \div (b \div c) = a \div \dfrac{b}{c} = a \times \dfrac{c}{b} = \dfrac{ac}{b}$

(3) $a \div (b \times c) = a \div bc = \dfrac{a}{bc}$

② 문자를 사용한 수식

초등학교 수학에서 다루었던 여러 수식들도 문자를 사용하면 간편하게 나타낼 수 있습니다.

① 평면도형의 넓이 구하는 공식

먼저 평면도형의 넓이 공식을 문자로 간단히 나타내 봅시다. 보통 넓이를 S로 표기하는

데, 이는 평면도형의 '면'을 뜻하는 영어 surface의 첫 자에서 비롯되었습니다. 간혹 S 대신 A로 표시하기도 하는데요, 역시 '넓이'를 뜻하는 영어 area의 첫 자에서 비롯된 셈이에요. 지금까지 배웠던 여러 도형의 넓이를 구하는 공식을 정리하면 다음과 같습니다.

(1) 삼각형 : a는 밑변의 길이, h는 높이 (높이를 뜻하는 height의 첫 자)		$S = \dfrac{1}{2}ah$
(2) 직사각형 : a는 가로의 길이, b는 세로의 길이		$A = ab$
(3) 정사각형 : a는 한 변의 길이		$S = a^2$
(4) 평행사변형 : a는 밑변의 길이, h는 높이		$A = ah$
(5) 사다리꼴 : a는 밑변의 길이, b는 윗변의 길이, h는 높이		$A = \dfrac{a+b}{2}h$
(6) 마름모 : a와 b는 각각 대각선의 길이		$S = \dfrac{ab}{2}$
(7) 원 : r은 반지름 길이. π는 원주율인 3.14159$\cdots$		$A = \pi r^2$

위의 공식에서 문자 대신 수를 넣으면 평면도형의 넓이를 즉시 구할 수 있습니다. 예를 들어 밑변의 길이가 3이고 높이가 4인 평행사변형의 넓이를 구해볼까요?

$$S=ah$$ 에서 $a=3$, $h=5$이므로 넓이 $S=3 \times 5=15$다.

이처럼 '문자 대신 수를 바꿔 넣는 것'을 대입(代入)한다고 합니다. 각 도형의 넓이 공식에 수를 '대입'하면 넓이를 쉽게 구할 수 있습니다.

② 문자가 들어 있는 수학적 표현

문자를 사용하면 수학식뿐만 아니라 일반적인 수학적 표현도 간결해집니다. 다음 예를 살펴봅시다.

• 자연수 n에 대하여 짝수는 $2n$이다.

자연수 1, 2, 3, 4, …를 $2n$에 차례로 대입하면 2, 4, 6, 8, …의 짝수를 얻을 수 있습니다. 문자를 사용하면 무한개의 자연수를 일일이 나열할 필요 없이 하나의 문장으로 표현할 수 있습니다.

• 자연수 n에 대하여 홀수는 $2n-1$이다.

자연수 1, 2, 3, 4,…를 $2n-1$에 차례로 대입하면 1, 3, 5, 7,… 무한개의 홀수를 얻을 수 있습니다.

> 첫 번째 홀수는 $2 \times 1-1=1$
> 두 번째 홀수는 $2 \times 2-1=3$
> 세 번째 홀수는 $2 \times 3-1=5$
> …
> n번째 홀수는 $2 \times n-1=2n-1$이었다.

• 자연수 n의 제곱수 n^2은 1부터 n개의 홀수들을 더한 값이다.

이 문장을 식으로 나타내면 다음과 같아요.

$$n^2 = 1 + 3 + 5 + \cdots + (2n-1)$$

이 식에 자연수 n의 값 1, 2, 3, 4, …를 n^2에 차례로 대입해 봅시다.

$1^2=1$(첫번째 홀수 1)

$2^2=1 + 3 = 4$ (1부터 홀수 2개의 합)

$3^2=1 + 3 + 5 = 9$ (1부터 홀수 3개의 합)

$4^2=1 + 3 + 5 + 7 = 16$ (1부터 홀수 4개의 합)

…

• 자연수 N에 대하여 2의 배수는 2N, 3의 배수는 3N, 4의 배수는 4N…이다.

앞에서 짝수는 2×N, 즉 2N으로 나타냈어요. 예를 들어 짝수 40은 2×20(N=20)이므로 2의 배수입니다. 같은 방식으로 3의 배수는 3N, 4의 배수는 4N, 5의 배수는 5N, …과 같이 문자를 사용하여 나타냅니다.

• 십의 자리와 일의 자리 숫자가 각각 a와 b인 두 자리 자연수는 $10a+b$다.

예를 들어 두 자리 자연수 35는 $3×10+5$예요. 이때 a=3이고 b=5입니다.

이처럼 두 자리 자연수는 모두 $10a+b$로 나타낼 수 있어요. 이때 a는 1부터 9까지의 자연수이고 b는 0을 포함한 1부터 9까지의 자연수여야 합니다.

그런데 a값에는 왜 0을 포함하지 않았을까요? 두 자리 자연수라고 했기 때문이에요. 만일 a값이 0이면 한 자리 수가 되니까요.

• t시간 동안 걸어간 거리가 s일 때의 속력은 $v=\dfrac{s}{t}$이다.

앞에서 배운 비율 가운데 하나인 속력도 문자가 들어 있는 식으로 나타낼 수 있습니다.

속력을 구하는 식 $v=\dfrac{s}{t}$에 $t=2$(시간)와 $s=10$(km)을 대입하면 시속 $v=\dfrac{10}{2}=5$(km/시간), 즉, 한 시간에 5km를 이동하는 속력을 구할 수 있습니다.

물론 속력(v)과 시간(t)이 주어지면 이동한 거리를 구할 수 있습니다.($s=vt$)

또한 속력(v)과 이동한 거리(s)가 주어지면 이동한 시간도 구할 수 있습니다.($t=\dfrac{s}{v}$)

$$v=\frac{s}{t}$$
$$s=vt$$
$$t=\frac{s}{v}$$

이처럼 수학은 문자를 사용하여 훨씬 간결하게 나타낼 수 있습니다. 사실 수학자들이 문자를 사용하여 수식을 표현하기 시작한 것은 그리 오래 되지 않았답니다. 17세기 무렵부터니까 약 400년 정도밖에 안 된 거죠. 어쨌든 문자를 빌어 수식을 나타내면서부터 수학은 획기적으로 발전하게 되었어요. 그러므로 문자를 사용하여 수학을 표현하기 시작하는 중학 수학은 본격적으로 수학이라는 학문의 세계에 발을 내딛는 관문이라고 할 수 있습니다.

중학교에서 자주 쓰이는 문자 기호

어떤 특수한 수량을 문자로 나타낼 때에는 주로 그 양을 나타내는 영어단어의 첫 글자를 따서 나타낸다.

① 물건의 개수(number) : n ② 점(point) : P

③ 시간(time) : t ④ 거리(distance) : d

⑤ 무게(weight) : w ⑥ 부피(volume) : V

⑦ 넓이(surface) : S ⑧ 길이(length) : l

⑨ 높이(height) : h ⑩ 반지름(radius) : r

문제 16 다음을 문자를 사용한 식으로 나타내시오.

(1) 12개에 a원인 야구공 한 개의 가격

(2) 사과가 12개, 귤이 x개, 배가 y개 들어 있는 바구니의 과일 전체 개수

(3) 한 권에 a원인 책 5권을 사고 나서 b원을 냈을 때 거스름 돈의 금액

3 단항식과 다항식

문자를 이용하여 나타낸 식, 즉 문자식 $5x+3$은 $5x$와 3의 합(+)이에요. 이때 $5x$와 3을 각각 '항'이라고 해요. $5x$는 수와 문자의 곱으로 이루어져 있고, 3은 수로만 이루어져 있어요. 3과 같이 수로만 이루어진 항을 '상수(常數)항'이라고 합니다.

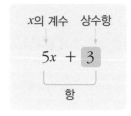

한자로 '상수(常數)'란 값이 늘 일정하다는 뜻인데요. 숫자만으로 이루어진 '상수항'은 값이 늘 일정하다는 의미예요. 상수(常數)의 반대어는 변하는 수, 즉 '변수(變數)'가 되겠죠.

변수의 값을 어떻게 정하는지는 뒤의 〈방정식〉 단원에서 자세히 다룰 거예요.

또한 $5x$에서 5를 '문자 x의 계수(係數)'라고 합니다. 한자어 '계(係)'는 걸려 있다는 뜻으로, '계수'는 문자에 걸려 있는 수를 가리킵니다. 이때 계수는 자연수뿐 아니라 $-6x$, $\frac{7}{2}x$, $0.3x$에서와 같이 음의 정수, 분수, 소수 등 어떤 수도 될 수 있습니다.

한편 $5x+3$은 두 개의 항으로 이루어져 있으므로 '다항식'이라고 합니다. 그에 비해 $2x$, 3과 같이 한 개의 항으로만 이루어진 다항식은 특히 '단항식'이라고 합니다.

다항식에서 각 문자의 계수와 상수항은 각각 알아봅시다.

$\frac{3}{4}a+3$	a의 계수는 $\frac{3}{4}$, 상수항 3
$\frac{x}{2}a-\frac{y}{5}+1$	x의 계수는 $\frac{a}{2}$이고 y의 계수는 $-\frac{1}{5}$, 상수항 1
$3x-2$	$3x-2=3x+(-2)$이므로 x의 계수는 3, 상수항 -2
$-1.7a+0.4b-1.2$	$-1.7a+0.4b-1.2=-1.7a+0.4b+(-1.2)$이므로, a의 계수는 -1.7이고 b의 계수는 0.4, 상수항 -1.2
$\frac{2x-y+5}{3}$	$\frac{2x-y+5}{3}=\frac{2}{3}x-\frac{1}{3}y+\frac{5}{3}$이므로 x의 계수는 $\frac{2}{3}$, y의 계수는 $-\frac{1}{3}$, 상수항은 $\frac{5}{3}$

④ 일차식, 그리고 덧셈과 뺄셈

문자로 이루어진 다항식에서 주목해야 할 것은 문자의 개수예요. 문자가 포함된 항에서 어떤 문자의 곱해진 개수를 그 문자에 대한 '차수'라고 하기 때문이에요.

예를 들어 $3x$는 문자 x가 하나밖에 없는 항이므로, 차수가 1인 '일차항'이라고 합니다. 반면에 $5x^2$은 x를 두 개 곱한 항이므로, 차수가 2인 '이차항'이라고 합니다. '상수항'은 문자가 없으므로 차수는 0이지만, 그렇다고 영차항이라고 하지 않아요. 그냥 상수항이라고 합니다.

항이 여러 개인 다항식은, 차수가 가장 큰 항의 차수를 그 다항식의 차수라고 말합니다. 예를 들어 $4x^2+2x+3$은 차수가 가장 큰 항이 $4x^2$이므로 '이차식'이라 합니다.

그러나 중학교 1학년에서는 차수가 1인 다항식, 즉 '일차식'만 배우므로 다항식 차수를 더 이상 언급하지 않습니다. 이차식은 중학교 3학년에, 삼차식 이상의 다항식은 고등학교에서 배웁니다.

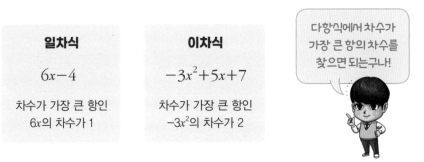

1) 일차식과 수의 곱

수와 일차식의 곱셈은 앞의 79쪽에서 살펴보았던 자연수 곱셈의 분배법칙을 적용해야 합니다. 곱셈 21×3을 계산하며 다시 한번 떠올려 봅시다.

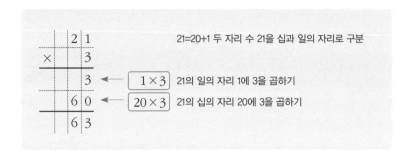

이 세로식을 다음과 같이 가로식으로 나타낼 수 있습니다.

$$21 \times 3 = (20+1) \times 3$$
$$= 20 \times 3 + 1 \times 3$$
$$= 60+3$$
$$= 63$$

곱하는 3을 괄호
안으로 각각 분배

위의 식에서 두 번째 줄에 주목하세요. 곱하는 수 3을 $(20+1)$의 괄호 안으로 각각 '분배'하여 $20 \times 3 + 1 \times 3$를 얻었어요. 그래서 이를 곱셈에 대한 '분배법칙'이라고 하였죠. '일차식'과 '수'의 곱도 마찬가지예요. 다음 예제에서 분배법칙이 어떻게 적용되는지 알 수 있습니다.

$$-2(4x-3)$$

(-2)를 $4x$와 (-3)에 각각 곱한다(분배법칙)

$$-2(4x-3) = (-2) \times 4x + (-2) \times (-3) = -8x+6$$

$$(6x-9) \div 3 = (6x-9) \times \frac{1}{3}$$

나누기 3은 역수 $\frac{1}{3}$의 곱셈으로 바꿔 분배법칙을 적용한다.

$$(6x-9) \div 3 = (6x-9) \times \frac{1}{3}$$
$$= 6x \times \frac{1}{3} + (-9) \times \frac{1}{3}$$
$$= 2x-3$$

'일차식'과 '수'의 곱도 자연수의 곱셈과 같다!

$21 \times 3 = (20+1) \times 3$
$\quad = 20 \times 3 + 1 \times 3$
$\quad = 60 + 3$
$\quad = 63$

$(6x - 9) \times \dfrac{1}{3}$
$= 6x \times \dfrac{1}{3} + (-9) \times \dfrac{1}{3}$
$= 2x - 3$

일차식과 수의 곱도 자연수의 곱셈처럼 '분배법칙'을 적용한다.
(일차식과 일차식의 곱은 중학교 3학년에서 배워요.)

2) 일차식의 덧셈과 뺄셈

$2x+3x$처럼 각 항에 같은 문자가 있는 단항식의 덧셈도 분배법칙을 적용합니다.

$2x+3x=(2+3)x$
$\quad = 5x$

$2x+3$과 $4x+5$ 같이 상수항이 있는 일차식끼리의 덧셈은 두 자리 수의 덧셈과 같습니다. 다음 두 식을 비교해 보세요.

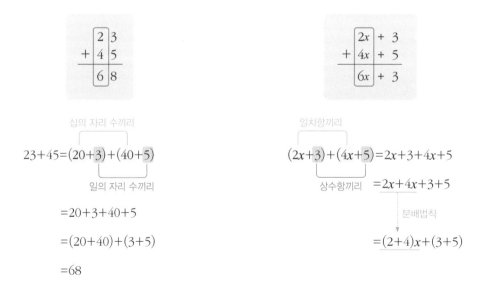

십의 자리 수끼리

$23+45=(20+\boxed{3})+(40+\boxed{5})$

일의 자리 수끼리

$\quad = 20+3+40+5$
$\quad = (20+40)+(3+5)$
$\quad = 68$

십의 자리 수끼리 더하고 일의 자리 수끼리 더한다.

일차항끼리

$(2x+\boxed{3})+(4x+\boxed{5})=2x+3+4x+5$

상수항끼리 $\quad = 2x+4x+3+5$

분배법칙

$\quad = (2+4)x+(3+5)$

일차항끼리 더하고 상수항끼리 더한다

두 자리 수의 덧셈은 '십의 자리 수끼리' 그리고 '일의 자리 수끼리' 각각 더합니다. 마찬가지로 두 일차식의 덧셈도 '일차항끼리' 그리고 '상수항끼리' 더합니다. 이때 일차항끼리의 덧셈인 $2x$와 $4x$의 합이 $(2+4)x=6x$인 것은 분배법칙을 적용한 거예요.

일차식의 뺄셈도 마찬가지예요. 예를 들어 뺄셈 $(4x-3)-(2x-5)$은 다음과 같습니다.

$$(4x-3)-(2x-5)=4x-3-2x+5$$

$$=4x-2x-3+5 \quad \longleftarrow \text{일차식 } 2x-5\text{의 앞에 있는 } -1\text{을 곱할 때 분배법칙 적용}$$

$$=(4-2)x+(-3+5) \longleftarrow \text{일차항과 상수항끼리 정리}$$

$$=2x+2 \qquad \longleftarrow \text{분배법칙 적용}$$

일차식의 덧셈과 뺄셈

일차식의 덧셈

$$(2x+7)+(-3x+2)$$
$$=2x+7-3x+2$$
$$=2x-3x+7+2$$
$$=-x+9$$

> 괄호를 푼다
> 일차식끼리 상수항끼리 모은다
> 일차식끼리 상수항끼리 계산한다

일차식의 뺄셈

$$3(x-1)-(2x-5)$$
$$=3x-3-2x+5$$
$$=3x-2x-3+5$$
$$=x+2$$

> 괄호를 푼다
> 일차식끼리 상수항끼리 모은다
> 일차식끼리 상수항끼리 계산한다

일차식의 덧셈과 뺄셈도, 두 자리 수의 덧셈 및 뺄셈과 같다. 십의 자리끼리 그리고 일의 자리끼리 각각 더하거나 빼듯, 일차항끼리 그리고 상수항끼리 각각 더하거나 뺀다.

문제 17 다음을 계산하시오.

(1) $3(2x-5)+2(x+6)$ (2) $5(a+2)-2(3a-4)$

(3) $\dfrac{3}{2}(5x-3)-\dfrac{1}{2}(7x-5)$

선생님만 보세요!

다항식의 도입

중학교 1학년의 〈문자와 식〉과 〈일차방정식〉은 중학교 2학년의 〈부등식〉과 〈일차연립방정식〉, 3학년의 〈이차방정식〉 그리고 고등학교의 〈다항식의 연산〉으로 이어진다. 따라서 중학교 1학년의 〈문자와 식〉과 〈일차방정식〉은 다항식을 처음 접하는 단원이다. 마치 아이가 태어나 자연수를 처음 접하는 것과 같다. 현대 수학의 한 분야인 추상대수학(abstract algebra)에 의하면, 정수의 집합과 다항식의 집합 사이의 관계는 다음과 같다.

"정수체계 ($\mathbb{Z}$, $+$, $*$)와 계수가 실수인 다항식체계 ($R[x]$, $+$, $*$)는 정역(Integral Domain)의 예들이다."

이는 다항식의 연산과 구조가 학생들에게 이미 잘 알려진 정수 체계의 구조를 토대로 이끌어낼 수 있음을 시사한다. 다시 말하면, 정수와 다항식 집합 각각의 체계에 들어 있는 대수적 구조의 유사성을 중고등학교 수학에서 활용할 수 있다는 것이다.

그럼에도 우리의 중고등학교 교육과정을 비롯한 대부분의 교과서는 이들 두 집합의 유사성을 교육적으로 활용하지도 않을 뿐만 아니라 이에 대한 언급조차 없는 듯하다.

이 책에서는 일차식을 다루지만 다항식(일차식)과 관련된 낱낱의 지식을 분절하여 단편적으로 제시하기보다는 정수와의 관련성을 토대로 다항식을 도입한다. 일차식과 일차식의 덧셈을 십진법 수 체계와 자연수의 덧셈과 관련짓는 것이 대표적인 예다. 이는 이후에 전개되는 곱셈공식과 인수분해 공식, 나머지 정리 등에서도 똑같이 활용될 수 있다.

정수체계에서 확립된 절차와 수 체계를 다항식에서의 연산과 관련지으며 확장할 수 있도록 내용을 전개하는 것은, 학생들 스스로 다항식의 연산이라는 내용이 왜 필요한지 이해하고 그 성질과 구조를 스스로 확립하는 시도로 이어지도록 하는 이 책의 집필 의도가 반영된 것이다.

이후에 다항식은 다항함수로 변형되는데, 이는 다항함수가 17세기에 지수함수나 삼각함수 등과는 다르게 미분과 적분이 가능했기 때문이라는 수학의 역사적 사실에서 확인할 수 있다. 당시 미적분학이 생성되고 발달한 것은 같은 맥락이다.

예를 들어 뉴턴은 유리함수를 다항함수로 나타냄으로써 각 항의 적분을 통해 사연로그 값의 근사값을 구할 수 있었다. 이러한 역사적 사실은 다항함수의 중요성을 말해주며, 중고등학교에서 다항식을 배우는 이유 중의 하나이기도 하다.

여기서는 동류항이나 차수에 대하여 자세히 언급하지 않았다. 일차식만 제시하는데, 굳이 이를 언급할 필요가 없다고 판단하여 이차방정식 단원으로 미루어도 무방하다고 판단했기 때문이다.

07 🔍 중학수학 잇기

중등수학의 꽃, 일차방정식

초등학교 수학의 꽃이 분수라면, 중고등학교 수학의 꽃은 방정식이에요. 중학교 수학을 소개하는 이 책의 마지막 내용은, 앞에서 배운 일차식을 토대로 하는 등호가 들어 있는 일차방정식입니다. 일차방정식을 이용하면 앞에서 다루었던 '속도'와 '농도' 등의 비율은 물론 '도형의 넓이 구하기'와 같은 여러 문제를 쉽고 간편하게 해결할 수 있습니다. 이제 일차방정식을 어떻게 풀이하는지 자세히 살펴봅시다.

① 등식의 성질

이제부터 영어 알파벳 문자가 들어 있는 문자식을 사용하면서 본격적으로 수학의 세계로 들어갑니다. 수식은 '등식'과 '부등식'으로 구분됩니다. 부등식은 중학교 2학

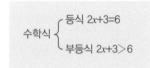

수학식 $\begin{cases} \text{등식 } 2x+3=6 \\ \text{부등식 } 2x+3>6 \end{cases}$

년에서 다루기 때문에, 여기서는 '등식'에 대해서만 살펴봅니다. 우선 등식을 양팔 저울에 비유해 생각해봅시다.

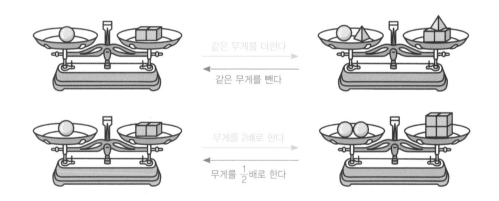

같은 무게를 더한다
같은 무게를 뺀다

무게를 2배로 한다
무게를 $\frac{1}{2}$배로 한다

양팔저울의 양쪽 접시에 같은 무게의 물건을 올려놓거나 내려놓아도 저울은 그대로 평형을 이룹니다. 등식이란 등호가 있는 식으로서, 등호의 왼쪽 식과 오른쪽 식이 같음을

나타냅니다. 양팔저울처럼 등식의 양변에 같은 수를 더하거나 빼도 등식은 성립합니다.

$$x-1=3 \quad \xleftrightarrow[\text{양변에서 같은 수를 뺀다.}]{\text{양변에 같은 수를 더한다.}} \quad x-1+2=3+2$$

또한 등식의 양변에 같은 수를 곱하거나 0이 아닌 같은 수로 나누어도 등식은 성립합니다.

$$\frac{x}{4}=3 \quad \xleftrightarrow[\text{양변을 0이 아닌 같은 수로 나눈다.}]{\text{양변에 같은 수를 곱한다.}} \quad \frac{x}{4}\times 4=3\times 4$$

일차식의 덧셈과 뺄셈

① $a=b$이면 $a+c=b+c$

② $a=b$이면 $a-c=b-c$

③ $a=b$이면 $ac=bc$

④ $a=b$이면 $\dfrac{a}{c}=\dfrac{b}{c}$(단, $c \neq 0$)

등식의 양변에 같은 수를 더하거나 빼도 또는 곱하거나 0이 아닌 같은 수로 나누어도 등식은 성립한다.

+ 더 알아보기 +

왜 0으로는 나눌 수 없을까?

8 ÷ 0이라는 나눗셈을 계산기에 부탁해볼까요?

계산기에 8 ÷ 0을 입력해 보세요. 그러면 다음과 같은 에러 메시지를 얻게 됩니다.

"Error : 0으로 나눌 수 없습니다."

계산기도 0으로 나누는 나눗셈을 할 수 없다는 겁니다. 왜 그럴까요?

원래 나눗셈은 다음과 같은 문제를 해결할 때 필요합니다.

"8개의 사과를 2개씩 바구니에 담으면 몇 개의 바구니에 담을 수 있을까?"

물론 나눗셈이 아닌 뺄셈으로도 다음과 같이 문제를 해결할 수 있답니다.

$$8-2=6, \quad 6-2=4, \quad 4-2=2, \quad 2-2=0$$

두 개씩 4번을 빼야 하므로 바구니 4개가 필요하다는 것을 알 수 있죠. 이때 똑같은 숫자를 거듭하여 여러 번 빼는 것이 번거로우므로, 8÷2=4와 같은 나눗셈 연산을 도입하여 나타냈답니다. 그러니까 이때의 나눗셈은 같은 수 2를 거듭하여 빼는 것을 의미합니다.

그렇다면 '0으로 나눈다'는 의미는 무엇일까요? 0을 반복해서 빼는 것이겠죠. 하지만 아무리 반복해도 몫이 얼마인지 결정할 수 없는 것이죠.

0으로의 나눗셈에서 계산기가 에러 메시지를 제시하는 것은, 결국 계산기도 0을 한없이 빼다 지쳤기 때문이 아닐까요? 어쨌든 수학에서는 0으로 나누는 것 자체가 아예 불가능합니다!

---

2 항등식과 방정식

수식을 부등식과 등식으로 분류하고, 등식에 초점을 두어 그 성질에 대해 자세히 살펴보았습니다. 그런데 등식은 다시 '방정식'과 '항등식'으로 분류할 수 있습니다. 방정식과 항등식이 무엇인지, 다음 2개의 일차식을 예로 살펴봅시다.

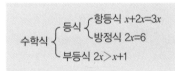

$$① \ 2(x+1)=2x+2 \qquad ② \ 2x=4$$

①번 등식의 문자 x에 어떤 수를 대입해도 등호의 왼쪽과 오른쪽이 항상 같을 거예요. ①번 등식은 사실 '분배법칙'에 대한 식입니다. 분배법칙이 성립한다는 것은 문자 x에 어떤 수를 대입해도 등호의 왼쪽과 오른쪽을 항상 같을 수밖에 없다는 것을 말합니다. 이와 같이 x에 어떤 값을 대입해도 항상 등호가 성립하는 식이므로 이 등식을 '항등식'이라고 합니다.

이번에는 ②번 등식에 자연수를 대입해 보세요. ①번 등식과 다르다는 것을 눈치챘을 거예요. 일차식 $2x=4$는 항등식이 아니에요. 만일 $x=1$을 대입하면 등식의 왼쪽은 2이고 오른쪽은 3이므로 등호가 성립하지 않으니까요. 등호가 성립하기 위해서는 반드시 $x=2$를 대입해야만 합니다. $x=2$ 이외의 다른 값을 대입하면 등호가 성립하지 않습니다.

이와 같이 특정한 값에 대해서만 성립하는 등식을 '방정식'이라고 하여 항등식과 구분합니다. 이때 x를 방정식의 '미지수'라고 하는데, 등식을 성립하게 하는 특정한 미지수 값을 방정식의 '해' 또는 '근'이라고 합니다.

> 미지수(未知數) : 아직 알지 못하는 수

❸ 일차방정식 풀이

이제부터는 일차방정식의 '해' 또는 '근'을 구하려고 합니다. '해' 또는 '근'을 구한다는 것은, 일차방정식을 풀이하여 미지수의 값을 찾는 것이에요. 즉, 일차방정식을 어떻게 풀이할 것인지 다음 몇 가지 예에서 그 절차를 알아봅시다.

① 이항

> 방정식 $x+3=2$

[풀이]

$x+3=2$

$x+3-3=2-3$ 좌변과 우변에서 같은 수 -3을 뺀다.

$x=-1$

$x+3=2$

이항

$x=2-3$

[해설]

등식의 성질을 이용해 양변에서 -3을 뺀 결과, 좌변에 있던 $+3$이 우변으로 옮겨져 -3이 되었습니다. 그래서 $x=2-3=-1$을 얻었습니다. 이와 같이 등식의 성질을 이용하여 등식의 한 변에 있는 항을 부호를 바꾸어 다른 변으로 옮기는 것을 '이항'이라고 합니다.

[확인]

방정식 $x+3=2$에 $x=-1$을 대입하면, (좌변)$=-1+3=2$이고 (우변)$=2$이므로 $x=-1$은 이 방정식의 해라는 것을 확인할 수 있습니다.

② 좌변의 항을 x로 만들기

일차방정식 $4x-2=x-8$

[풀이]

$4x-2=x-8$

$4x-x=-8+2$

> 좌변의 -2를 우변으로 이항하여 $+2$로,
> 우변의 x를 좌변으로 이항하여 $-x$로

$3x=-6$

> 양변을 3으로 나눈다.

$x=-2$

$$4x-2=x-8$$

이항   이항

$$4x-x=-8+2$$

[해설]

결국 방정식 풀이는 등식의 성질을 이용해 좌변은 x, 우변은 상수항이 되도록 이항하여 $x=a$의 꼴로 변형하는 것이라 할 수 있습니다.

[확인]

주어진 방정식에 $x=-2$를 대입하면, (좌변)$=4\times(-2)-2=-10$이고 (우변)$=-2-8=-10$이므로 $x=-2$가 이 방정식의 해라는 것을 확인할 수 있습니다.

③ 괄호 풀기

일차방정식 $4(x-3)=5x-9$

[풀이]

$4(x-3)=5x-9$

> 괄호를 푼다

$4x-12=5x-9$

> -12와 $5x$를 각각 이항한다

$4x-5x=-9+12$

$-x=3$

> 양변에 -1을 곱한다

$x=-3$

괄호가 있는 방정식은 먼저 분배법칙을 이용하여 괄호를 풀어 정리한 후에 헤를 구합니다.

주어진 방정식에 $x=-3$을 대입하면, (좌변)$=4\times(-3-3)=-24$고 (우변)$=5\times(-3)-9=-24$이므로 $x=-3$이 이 방정식의 해라는 것을 확인할 수 있습니다.

④ 계수를 정수로 바꾸기

일차방정식 $0.2x-0.6=0.5x$

$0.2x \quad 0.6-0.5x$ 양변에 10을 곱한다

$2x-6=5x$ −6과 5x를 각각 이항한다

$2x-5x=6$

$-3x=6$ 양변에 $-\dfrac{1}{3}$을 곱한다

$x=-2$

계수가 소수인 일차방정식은 양변에 적당한 수를 곱하여 계수를 모두 정수로 고쳐서 풀이합니다.

주어진 방정식에 $x=-2$를 대입하면, (좌변)$=0.2\times(-2)-0.6=-1$이고 (우변)$=0.5\times(-2)=-1$이므로 $x=-2$가 이 방정식의 해라는 것을 확인할 수 있습니다.

일차방정식 $\dfrac{1}{4}x - \dfrac{5}{6} = \dfrac{1}{2}x - \dfrac{1}{3}$

[풀이]

$\dfrac{1}{4}x - \dfrac{5}{6} = \dfrac{1}{2}x - \dfrac{1}{3}$

양변에 분모의 최소공배수인 12를 곱한다

$3x - 10 = 6x - 4$

-10과 $6x$를 각각 이항한다

$3x - 6x = -4 + 10$

$-3x = 6$

양변에 $-\dfrac{1}{3}$을 곱한다

$x = -2$

[해설]

계수가 분수인 일차방정식도 양변에 적당한 수를 곱하여 계수를 모두 정수로 고쳐서 풀이합니다.

[확인]

주어진 방정식에 $x = -2$를 대입하면, (좌변)$= \dfrac{1}{4} \times (-2) - \dfrac{5}{6} = -\dfrac{1}{2} - \dfrac{5}{6} = -\dfrac{4}{3}$ 이고

(우변)$= \dfrac{1}{2} \times (-2) - \dfrac{1}{3} = -1 - \dfrac{1}{3} = -\dfrac{4}{3}$ 이므로 $x = -2$는 이 방정식의 해라는 것을 확인할 수

있습니다.

문제 18 다음 일차방정식의 해를 구하시오.

(1) $2x - 1 = 11$　　　　(2) $3x - 3 = -5$　　　　(3) $6 - 4x = 10$

(4) $-6x + 3 = -4$　　　(5) $-3(x-2) = 2(x-5)$　　(6) $2 - (3x-7) = -3(5-2x)$

(7) $0.05x + 0.12 = 0.2 - 0.01x$　　　　　　　　(8) $\dfrac{x}{5} - 2 = \dfrac{x+2}{3}$

④ 일차방정식의 응용

일차방정식이라는 용어는 처음 등장했지만, 이미 우리는 이전부터 방정식을 풀이했답니다. 그중 몇 가지를 다시 살펴봅니다.

> 오빠 나이는 15살이고, 나는 11살이에요.
> 나는 몇 년 후에 지금의 오빠와 같은 나이가 될까?

[풀이]

x년 후에 지금의 오빠 나이인 15살이 된다고 하면, 다음이 성립한다.

$$11+x=15, \text{ 따라서 } x=15-11=4$$

위의 풀이는 다음 세 가지 단계로 나눌 수 있습니다.

① 첫 번째는 아직 알지 못하지만 구하고자 하는 값, 즉 미지수를 x라고 놓습니다.

② 두 번째는 마치 이 미지수를 알고 있는 것처럼 가정하고 x에 대한 일차방정식을 세웁니다. 이는 문제를 수학식으로 번역한 것과 같습니다.

③ 세 번째는 일반적인 방정식 풀이입니다.

> 연속하는 세 짝수의 합이 60일 때, 세 짝수 중에서 가장 작은 수는?

[풀이]

가장 작은 수를 x라 하자.　　　　　←── ① 구하는 미지수를 x라 놓는다.

연속하는 세 짝수는 x, $x+2$, $x+4$이다. 세 짝수의 합은 60이므로 다음 식이 성립한다.

$$x+(x+2)+(x+4)=60$$　　←── ② 문제에서 x의 일차방정식을 만든다.

$$3x+6=60$$　　　　←── ③ 일차방정식을 풀이한다.

$$3x=54$$

$$x=18$$

따라서 연속하는 세 짝수는 18, 20, 22이고, 가장 작은 수는 18이다.

가장 작은 수가 18이면 연속하는 나머지 두 짝수는 18, 20, 22다. 이들 세 짝수의 합이 60이므로 구한 해는 문제의 뜻에 맞다.

> 집에서 학교까지 1분에 60m의 속력으로 걷고, 되돌아 올 때는
> 1분에 50m로 걸었더니 모두 22분이 걸렸다. 집에서 학교까지의 거리는?

[풀이] ┄┄┄

집에서 학교까지의 거리를 x(m)라고 하자. ◀─── ① 구하는 미지수를 x라 놓는다.

갈 때 걸린 시간은 $\frac{x}{60}$(분)이고, 되돌아올 때 걸린 시간은 $\frac{x}{50}$(분)이고 총 22분이 걸렸다. 따라서 다음이 성립한다.

$$\frac{x}{60}+\frac{x}{50}=22$$ ◀─── ② 문제에서 x의 일차방정식을 만든다.

이 방정식을 풀면 $5x+6x=6600$, $11x=6600$ ◀─── ③ 일차방정식을 풀이한다.

$$x=600$$

그러므로 집에서 공원까지의 거리는 600m다.

[확인] ┄┄┄

집에서 학교까지 분속 60m의 속력으로 600m를 걸을 때 걸린 시간은 $\frac{600}{60}=10$(분).

학교에서 집까지 분속 50m의 속력으로 600m를 걸을 때 걸린 시간은 $\frac{600}{50}=12$(분)

따라서 모두 22분이 걸렸으므로 구한 해가 문제의 뜻에 맞다.

> 직사각형 모양의 울타리를 만들려고 한다. 둘레의 길이는 48m이고,
> 가로의 길이는 세로의 길이보다 6m 길 때, 세로의 길이는?

[풀이] ┄┄┄

세로 길이를 xm라고 하면 가로 길이는 $(x+6)$m이다. ◀─── ① 구하는 미지수를 x라 놓는다.

(울타리의 둘레의 길이)$=2\times\{$(세로의 길이)$+$(가로의 길이)$\}$이므로 다음이 성립한다.

$$48=2\{x+(x+6)\}$$　　　　　
⟵ ② 문제에서 x의 일차방정식을 만든다.

이 방정식을 풀면 $48=4x+12$　　　⟵ ③ 일차방정식을 풀이한다.

$$-4x=-36,$$

$$x=9$$

따라서 세로의 길이는 9m이다.

[확인] --

세로의 길이가 9m이면 가로의 길이는 15m이므로 울타리의 둘레의 길이는 $2 \times$ (9+15)=48(m)이므로 구한 해가 문제의 뜻에 맞다.

> 긴 의자 하나에 4명씩 앉으면 실내에 있던 의자에 모두 앉고도 2명이 남지만,
> 의자 하나에 5명씩 앉으면 마지막 의자에는 1명이 앉고 빈 의자가 1개 남는다.
> 실내에 있는 의자의 수와 학생 수는?

[풀이] --

실내에 있는 긴 의자의 수를 x개라고 하자. ⟵ ① 구하는 미지수를 x라 놓는다.

의자 하나에 4명씩 앉으면 2명이 남으므로 학생 수는 $(4x+2)$명이다. 또 5명씩 $(x-2)$개의 의자에 모두 앉고 의자 한 개에는 1명만 앉으므로 학생 수는 $5(x-2)+1$이다. 따라서 다음이 성립한다.

$$4x+2=5(x-2)+1$$　　⟵ ② 문제에서 x의 일차방정식을 만든다.

$$4x+2=5x-9$$　　　　⟵ ③ 일차방정식을 풀이한다.

$$x=11$$

그러므로 의자의 수는 11개이고, 학생 수는 $4 \times 11+2=46$(명)이다.

[확인] --

46명의 학생이 11개의 의자에 4명씩 앉으면 2명이 남고, 5명씩 앉으면 9개 의자에 앉고 10번째 마지막 의자에는 1명이 앉게 되므로 구한 해는 문제의 뜻에 맞다.

무한소수 $0.\dot{3}$을 분수로 나타내면?

[풀이]

구하고자 하는 $0.\dot{3}$을 x라 하자.

$0.33333\cdots = x \longrightarrow$ ①

①의 좌변과 우변에 똑같이 10을 곱하여 다음 식을 얻는다.

$3.33333\cdots = 10x \longrightarrow$ ②

②-①을 하면 다음을 얻는다.

$$3 = 9x$$

$$\frac{1}{3} = x$$

그러므로 $0.33333\cdots = 0.\dot{3} = \frac{1}{3}$이다.

앞의 152쪽에서 보았던 무한소수를 분수로 나타내는 문제도 방정식으로 해결할 수도 있다.

아하! 자주 사용되는 미지수

일차방정식에서 많이 등장하는 미지수들을 정리하면 다음과 같다.

• 연속하는 두 자연수 : x, $x+1$ 또는 $x-1$, x
• 연속하는 세 자연수 : x, $x+1$, $x+2$ 또는 $x-1$, x, $x+1$ 또는 $x-2$, $x-1$, x
• 연속하는 두 짝수(홀수) : x, $x+2$ 또는 $x-2$, x

문제 19

(1) 둘레의 길이가 44m이고, 가로의 길이가 세로의 길이의 3배보다 6m 긴 직사각형 모양의 울타리를 만들려고 한다. 이때 가로의 길이는?

(2) 상자에 들어 있는 사과를 한 명에게 7개씩 나누어 주면 9개가 남지만, 8개씩 나누어 주면 마지막 한 명은 4개밖에 못 갖는다. 상자에 들어있는 사과 전체의 개수와 사과를 나누어 받는 사람 수를 각각 구하면?

(3) 한 변의 길이가 6cm인 정사각형이 있다. 이 정사각형의 가로의 길이를 2cm 늘이고, 세로의 길이를 줄였더니 넓이가 처음 넓이의 0.23배가 되었다. 세로의 길이는 얼마나 줄였을까?

(4) 무한소수 $0.\dot{3}\dot{2}$를 분수로 나타내면?

방정식?

방정식의 한자 '방(方)'은 '비교하다'라는 뜻이고, '정(程)'은 '규칙'이라는 뜻을 갖는다. 엉클어져 있는 걸 비교하기 위해 일정하게 정리한다'는 뜻이다.

$$\begin{cases} 4x+5y+6z=1219 \\ 5x+6y+4z=1268 \\ 6x+4y+5z=1263 \end{cases}$$

6	5	4
4	6	5
5	4	6
1263	1268	1219

이 용어는 19세기 중국의 수학책 『구장산술』 제8권의 제목인 「방정」에서 유래되었다. 그림에는 숫자들이 사각형 모양으로 배열되어 있는데, 여기에는 위의 오른쪽과 같이 중학교 2학년에서 배우는 연립방정식의 계수들이 배열되어 있다. 그러므로 결국 방정(方程)이란 '수들을 사각형 모양으로 배열하여 계산하는 것'으로 풀이할 수 있다.

그런데 수가 사각형 모양으로 배열된 사례의 기원은 멀리 고대 중국으로 거슬러 올라간다. 기원전 약 2000년 전에 존재했던 것으로 추정되는 전설적인 하 왕조 시대의 일이다. 하 왕조의 시조인 우제가 임금이 되기 전에 황하의 상류인 낙수에서 치수 사업을 벌일 때 거북이가 나타났는데, 이 거북이의 등에 새겨진 1부터 9까지를 뜻하는 점들의 집합에서 방정이라는 용어의 기원을 찾을 수 있다. 그리고 이를 숫자로 제시한 것이 마방진이다. 마방진은 그림과 같이 세 개의 수를 대각선을 비롯하여 위와 아래로 또는 옆으로 세 개의 숫자를 더하면 모두 15가 되도록 배열된 정사각형이다. 방정식이라는 용어의 역사도 그 용어만큼이나 복잡하다.

4	9	2
3	5	7
8	1	5

Chapter 01

중학수학으로 이어지는
자연수의 덧셈과 뺄셈 개념

page 26

문제 1 (1) 61   (2) 96   (3) 95

문제 2 (1) 61

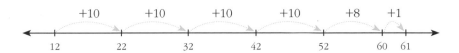

(2) 96

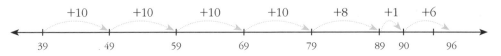

(3) 95

문제 3

(1)
```
   1
   1 2
 + 4 9
 ──────
   1 1
   5 0
 ──────
   6 1
```

(2)
```
   1
   3 9
 + 5 7
 ──────
   1 6
   8 0
 ──────
   9 6
```

(3)
```
   1
   7 7
 + 1 8
 ──────
   1 5
   8 0
 ──────
   9 5
```

page **30**

(문제 4) (1) 23   (2) 18   (3) 59

(문제 5) (1) 23

(2) 18

(3) 59

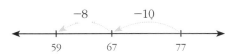

(문제 6)

(1)
```
   ✕10
   4 2
 − 1 9
─────────
     3
   2 0
─────────
   2 3
```

(2)
```
   ✕10
   5 7
 − 3 9
─────────
     8
   1 0
─────────
   1 8
```

(3)
```
   ✕10
   7 7
 − 1 8
─────────
     9
   5 0
─────────
   5 9
```

page **36**

(문제 7) (1) 덧셈식 2+□=9, □=7   뺄셈식 9−2=□, □=7

(2) 덧셈식 7+□=13, □=6   뺄셈식 13−7=□, □=6

(3) 덧셈식 2+□=7, □=5   뺄셈식 7−2=□, □=5

page **41**

(문제 8) 참 예 −(−2)=+2

(문제 9) (1) −5   (2) +7   (3) +5   (4) −3

문제 10 $(+5)+(+3)=+8$

$(+3)+(+4)=+7$

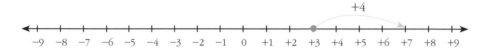

문제 11 $(-5)+(+3)=-2$

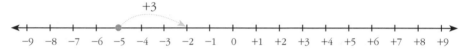

$(-3)+(+8)=+5$

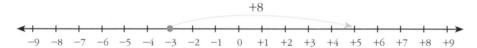

문제 12 $(+7)+(-3)=+4$

$(+3)+(-7)=-4$

page 46

문제 13 $(-1)+(-4)=-5$

$(-6)+(-2)=-8$

page 48

문제 14 $(-7)+(+2)=-5$

$(-2)+(+5)=+3$

page 51

문제 15 $(+5)-(+3)=+2$

$(+2)-(+4)=-2$

page 52

문제 16 $(-5)-(+3)=-8$

$(-2)-(+4)=-6$

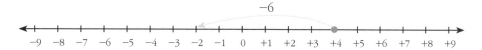

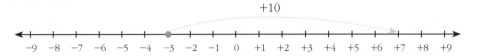
文제 17 $(+7)-(-3)=+10$

$(-8)-(-5)=-3$

Chapter 02

중학수학으로 이어지는
자연수의 곱셈 개념

page 60

문제 1

(1) $4+2\times8-19=1$
① 16
② $4+16-19=1$

(2) $5-(7-2)\times3-9=-19$
① 5
② 15
③ $5-15-9=-19$

(3) $7+(9-2\times3)\times2+7\times2=27$
① 6
③ 14
① 3
② 6
④ $7+6+14=27$

page 66

문제 2

(1) 10, 20, 30

(2) 10

(3) ① ○   ② ○   ③ ○

page 71

문제 3

$6^2=1+3+5+7+9+11=36$

page 72

문제 4

21

page 73

문제 5

$21+28=49=7^2$

page 75

문제 6

(2) 5의 배수 (3) 5의 배수 (4) 2와 5의 배수

page 76

문제 7

(1) 3과 9의 배수   (2) 3의 배수

(4) 3과 9의 배수

문제 8

(1) $15^2=(10+5)^2=10^2+2\times10\times5+5^2$

$=100+100+25=225$

(2) $24^2=(20+4)^2=20^2+2\times20\times4+4^2$

$=400+160+16=576$

(3) $52^2=(50+2)^2=50^2+2\times50\times2+2^2$

$=2500+200+4=2704$

문제 9

$15^2=225$ $1\times(1+1)=2$

$25^2=625$ $2\times(2+1)=6$

$35^2=(1225)$ $3\times(3+1)=12$

$45^2=(2025)$ $4\times(4+1)=20$

$55^2=(3025)$ $5\times(5+1)=30$

$65^2=(4225)$ $6\times(6+1)=42$

$75^2=(5625)$ $7\times(7+1)=56$

$85^2=(7225)$ $8\times(8+1)=72$

$95^2=(9025)$ $9\times(9+1)=90$

규칙 : 마지막 두 자리가 25이다. 25의 앞자리
는 십의 자리 숫자와 그 숫자에 1을 더한 수들
끼리의 곱이다.

Chapter 03

중학수학으로 이어지는
자연수의 나눗셈 개념

page 97

문제 1

(1) 8(명/대) : 한 대에 8명

(2) 12(개/묶음) : 한 묶음에 12개

(3) 25(개/상자) : 한 상자에 25개

page 107

문제 2

(1) 100

$$\begin{array}{r} 2\,)\,1\,0\,0 \\ 2\,)\ \ 5\,0 \\ 5\,)\ \ 2\,5 \\ 5 \end{array}$$

따라서 $100=2^2\times5^2$

2^2의 약수는 1, 2, 2^2

5^2의 약수는 1, 5, 5^2

2^2의 약수 / 5^2의 약수	1	2	2^2
1	$1\times1=1$	$1\times2=2$	$1\times2^2=4$
5	$5\times1=5$	$5\times2=10$	$5\times2^2=20$
5^2	$5^2\times1=25$	$5^2\times2=50$	$5^2\times2^2=100$

따라서 100의 약수는 1, 2, 4, 5, 10, 20, 25, 50, 100

(2) 108

$$\begin{array}{r} 2\,)\,1\,0\,8 \\ 2\,)\ \ 5\,4 \\ 3\,)\ \ 2\,7 \\ 3\,)\ \ \ \,9 \\ 3 \end{array}$$

따라서 $108=2^2\times3^3$

2^2의 약수는 1, 2, 2^2

3^3의 약수는 1, 3, 3^2, 3^3

2^2의 약수 / 3^3의 약수	1	2	2^2
1	$1\times1=1$	$1\times2=2$	$1\times2^2=4$
3	$3\times1=3$	$3\times2=6$	$3\times2^2=12$
3^2	$3^2\times1=9$	$3^2\times2=18$	$3^2\times2^2=36$
3^3	$3^3\times1=27$	$3^3\times2=54$	$3^3\times2^2=108$

따라서 100의 약수는 1, 2, 3, 4, 6, 9, 12, 18, 27, 36, 54, 108

(3) 175

$$\begin{array}{r} 5\,)\,1\,7\,5 \\ 5\,)\ \ 3\,5 \\ 7 \end{array}$$

따라서 $175=5^2\times7$

5^2의 약수는 1, 5, 5^2

7의 약수는 1, 7

2^2의 약수 / 5^2의 약수	1	5	5^2
1	$1\times1=1$	$5\times1=5$	$5^2\times1=25$
7	$7\times1=7$	$5\times7=35$	$5^2\times7=175$

따라서 100의 약수는 1, 5, 7, 25, 35, 175

page 114

문제 3

(1) 18명

풀이 공책 72권을 학생들에게 나눠주므로 학생 수는 72의 약수인 1, 2, 3, 4, 6, 8, 9, 12, 18, 24, 36, 72.

연필 54자루를 학생들에게 나눠주므로 학생수는 54의 약수인 1, 2, 3, 6, 9, 18, 27, 54

72와 54의 공약수는 1, 2, 3, 6, 9, 18이고, 학생수가 최대이어야 하므로 최대공약수 18이어야 한다.

(2) 9cm

(풀이) 정사각형 한 변의 길이는 27과 36의 공약수인 1, 3, 9이다. 가장 크기가 큰 변의 길이는 9cm이다.

page **118**

(문제 4)

(1) 24cm, 12개

(풀이) 6과 8의 최소공배수를 다음과 같이 소인수분해하여 구한다.

$$2 \big) \quad 6 \quad 8$$
$$ \quad 3 \quad 4$$

$$2 \times 3 \times 4 = 24 (cm)$$

$20 \div 6 = 4$, $24 \div 8 = 3$이므로, $3 \times 4 = 12$(개)이다.

(2) 9시 12분

(풀이) 오전 9시부터 각각 4분, 6분 간격으로 출발하므로, 이들의 배수를 구해야 한다. 이때 동시에 출발하므로 공배수이고 처음으로 동시에 출발하므로 최소공배수를 구해야 한다. 최소공배수는 다음과 같이 구한다.

$$2 \big) \quad 4 \quad 6$$
$$ \quad 2 \quad 3$$

$$2 \times 2 \times 3 = 12$$

따라서 9시 12분에 다시 동시에 출발한다.

page **127**

문제 1

(1) $5 \div 3 = \dfrac{5}{3}$

(2) $6 \div 3 = 2$

(3) $6 \div 4 = \dfrac{6}{4} \left(= \dfrac{3}{2} \right)$

(4) $4 \div 5 = \dfrac{4}{5}$

page **133**

문제 2

(1) 8   (2) 6, 18   (3) 18

page **140**

문제 3

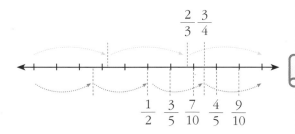

크기 비교 : $\dfrac{9}{10} < \dfrac{4}{5} < \dfrac{3}{4} < \dfrac{7}{10} < \dfrac{2}{3} < \dfrac{3}{5} < \dfrac{1}{2}$

page **141**

문제 4

(1)

$1\dfrac{2}{4}\left(=1\dfrac{1}{2}\right)$, $1\dfrac{3}{4}$, $1\dfrac{4}{4}(=2)$, $2\dfrac{1}{4}$, $2\dfrac{2}{4}\left(=2\dfrac{1}{2}\right)$, $2\dfrac{3}{4}$, $2\dfrac{4}{4}(=3)$

$\dfrac{6}{4}\left(=\dfrac{3}{2}\right)$, $\dfrac{7}{4}$, $\dfrac{8}{4}(=2)$, $\dfrac{9}{4}$, $\dfrac{10}{4}\left(=\dfrac{5}{2}\right)$, $\dfrac{11}{4}$, $\dfrac{12}{4}(=3)$

(2)

① $\dfrac{5}{3}$ ② $\dfrac{14}{5}$ ③ $3\dfrac{1}{4}$ ④ $2\dfrac{1}{6}$

page **146**

문제 5

(1) $3\dfrac{3}{5}$ (2) $4\dfrac{1}{2}$ (3) $6\dfrac{2}{7}$ (4) $2\dfrac{2}{7}$

page **153**

문제 6

(1) $0.111\cdots$ (2) $0.555\cdots$ (3) $\dfrac{12}{100} = \dfrac{3}{25}$

(4) $\dfrac{75}{100} = \dfrac{3}{4}$ (5) $\dfrac{4}{9}$ (6) $\dfrac{2}{3}$

Chapter 05

중학수학으로 이어지는
분수 연산

page 164

문제 1

(1) $\dfrac{3}{4}$　　(2) $\dfrac{11}{15}$　　(3) $\dfrac{5}{12}$

(4) $\dfrac{1}{12}$　　(5) $\dfrac{3}{6}=\dfrac{1}{2}$　　(6) $\dfrac{1}{12}$

page 165

문제 2

(1) $4\dfrac{1}{12}$　　(2) $8\dfrac{7}{36}$　　(3) $\dfrac{1}{2}$　　(4) $1\dfrac{23}{30}$

page 175

문제 3

(1) $\dfrac{3}{2}\left(=1\dfrac{1}{2}\right)$　　　(2) 2

(3) $\dfrac{143}{15}\left(=9\dfrac{8}{15}\right)$　　(4) $\dfrac{77}{20}\left(=3\dfrac{17}{20}\right)$

page 182

문제 4

(1) $\dfrac{4}{15}$　　(2) $\dfrac{15}{4}$　　(3) $\dfrac{14}{9}$

풀이

(1) $\dfrac{4}{5}\div3=\dfrac{4}{5}\div\dfrac{3}{1}=\dfrac{4}{5}\times\dfrac{1}{3}=\dfrac{4}{15}$

　　3의 역수 $\dfrac{1}{3}$ 을 곱한다.

(2) $3\div\dfrac{4}{5}=\dfrac{3}{1}\div\dfrac{4}{5}=\dfrac{3}{1}\times\dfrac{5}{4}=\dfrac{15}{4}$

　　3을 $\dfrac{3}{1}$ 으로, 그리고 $\dfrac{4}{5}$ 의 역수 $\dfrac{5}{4}$ 를 곱한다.

(3) $2\dfrac{1}{3}\div1\dfrac{1}{2}=\dfrac{7}{3}\div\dfrac{3}{2}=\dfrac{7}{3}\times\dfrac{2}{3}=\dfrac{14}{9}$

　　$2\dfrac{1}{3}$ 과 $1\dfrac{1}{2}$ 을 가분수로 바꾸고 나서

　　$1\dfrac{1}{2}$ 의 역수인 $\dfrac{2}{3}$ 를 곱한다.

page 186

문제 5

(1) 한 병에 들어 있는 양이 더 많은 것은 '물'이다.

　　물 : $\dfrac{15}{4}\left(=\dfrac{75}{20}\right)$　　주스 : $\dfrac{37}{10}\left(=\dfrac{74}{20}\right)$

(2) 서울-대구 : $360\div4\dfrac{1}{2}=80(km/시)$

　　대구-포항 : $75\div1\dfrac{1}{2}=50(km/시)$

　　더 빨리 달린 구간은 '서울-대구 구간'이다.

page 195

문제 6

(1) 3:8, 8:3　　(2) 9:6, 6:9

문제 7

(1)

A : $(18) \div (200) = (0.09)$

B : $(57) \div (600) = (0.095)$

0.09, 0.095, 9, 9.5

(2) (18), (200), 0.09, 9, (9), (57), (600), 0.095, 9.5, (9.5), (B)

문제 8

(1) 5.2%   (2) 14%

문제 9

(1) 6g   (2) 3.75g   (3) 48g

문제 10

혼합주스 165g, 딸기 26.4g

풀이 주어진 문제에서 다음과 같은 표를 만들 수 있다.

혼합주스(mL)	500	E
바나나(g)	100	33
딸기(g)	80	F

처음 주스와 맛이 같으므로 다음 비례식이 성립한다.

(혼합주스의 양) : (바나나의 양) =
500 : 100 = E : 33
(바나나의 양) : (딸기의 양) = 100 : 80 = 33 : F

비례식의 성질에 의해 다음 각각의 식이 성립한다. $100 \times E = 500 \times 33$이고 $100 \times F = 80 \times 33$

따라서 구하는 혼합 주스의 양 E=165(mL)이고 딸기의 양은 F=26.4(g)이다.

문제 11

(1) 태풍이 더 빠름

태풍의 속력 : $30(m/초) = \dfrac{30(m)}{1(초)}$

$= \dfrac{30 \times 3600(m)}{1 \times 3600(초)} = \dfrac{108(km)}{1(시간)} = 108(km/시간)$

(2) 태풍 링링 : 165.6km/시
고속도로의 자동차 : 100km/시
따라서 태풍링링이 시속 65.6km 더 빠름

태풍링링의 속력 : $46(m/초) = \dfrac{46(m)}{1(초)}$

$= \dfrac{46 \times 3600(m)}{1 \times 3600(초)} = \dfrac{165.6(km)}{1(시간)} = 165.6(km/시간)$

page 212

문제 12

(1) 6km, 3km/시간　(2) 600m, 오후 4시10분

(3) $\dfrac{1800(\text{m})}{4(\text{초})}=450\text{m/초}$　(4) 48.6m

풀이

(4) 11초 동안 달린 거리 :

$65(\text{km/시간})\times\dfrac{11}{3600}(\text{시간})≒약 198.6\text{cm}$

따라서 터널길이$=198.6-150=48.6\text{m}$

page 213

문제 13

(1) 약 6.2 (10,160,000 : 1,652,000)

(2) 약 0.3 (600 : 1800)

(3) 서울의 인구밀도가 더 높다

page 215

문제 14

(1) 36.3원/초　(2) 1.5쪽/분

(3) 7.5%　(4) 6m/초, 21.6km/시간

page 220

문제 15

(1) $a\div b\div c=a\times\dfrac{1}{b}\times\dfrac{1}{c}=\dfrac{a}{bc}$

(2) $a\div(b\div c)=a\div\dfrac{b}{c}=\dfrac{ac}{b}$

(3) $a\div(b\times c)=a\div bc=\dfrac{a}{bc}$

page 224

문제 16

(1) $\dfrac{a}{12}$ (원)　(2) $12+x+y$(개)　(3) $b-5a$

page 230

문제 17

(1) $8x-3$　(2) $-a+18$　(3) $4x-2$

풀이

(1) $3(2x-5)+2(x+6)=6x-15+2x+12$
$=6x+2x-15+12$
$=8x-3$

(2) $5(a+2)-2(3a-4)=5a+10-6a+8$
$=5a-6a+10+8$
$=-a+18$

(3) $\dfrac{3}{2}(5x-3)-\dfrac{1}{2}(7x-5)=\dfrac{15}{2}x-\dfrac{9}{2}-\dfrac{7}{2}x+\dfrac{5}{2}$
$=(\dfrac{15}{2}-\dfrac{7}{2})x+(-\dfrac{9}{2}+\dfrac{5}{2})$
$=4x-2$

page 238

문제 18

(1) $x=6$　(2) $x=-\dfrac{2}{3}$　(3) $x=-1$

(4) $x=\dfrac{7}{6}$　(5) $x=\dfrac{16}{5}$　(6) $x=\dfrac{8}{3}$

(7) $x=\dfrac{4}{3}$　(8) $x=-20$

(1) $2x=11+1$ (좌변의 -1을 이항)

　　$2x=12$

　　$x=6$ (양변을 2로 나눈다)

(2) $3x=-5+3$ (좌변의 -3을 이항)

　　$3x=-2$

　　$x=-\dfrac{2}{3}$ (양변을 3으로 나눈다)

(3) $-4x=10-6$ (좌변의 6을 이항)

　　$-4x=4$

　　$x=-1$ (양변을 -4로 나눈다)

(4) 　$-6x=-4-3$ (좌변의 -3을 이항)

　　$-6x=-7$

　　$x=\dfrac{7}{6}$ (양변을 -6으로 나눈다)

(5) $-3(x-2)=2(x-5)$

　　$-3x+6=2x-10$ (괄호를 푼다)

　　$-3x-2x=-10-6$ (-6과 $2x$를 이항)

　　$-5x=-16$

　　$x=\dfrac{16}{5}$ (양변을 -5로 나눈다)

(6) $2-(3x-7)=-3(5-2x)$

　　$2-3x+7=-15+6x$ (괄호를 푼다)

　　$-3x+9=-15+6x$

　　$-3x-6x=-15-9$ (9와 $6x$를 이항)

　　$-9x=-24$ (양변을 9로 나눈다)

　　$x=\dfrac{24}{9}=\dfrac{8}{3}$

(7) $0.05x+0.12=0.2-0.01x$

　　$5x+12=20-x$ (양변에 100을 곱한다)

　　$5x+x=20-12$ (-12와 $-x$를 이항)

　　$6x=8$

　　$x=\dfrac{8}{6}=\dfrac{4}{3}$ (양변을 6으로 나눈다)

(8) $\dfrac{x}{5}-2=\dfrac{x+2}{3}$

　　$3x-30=5x+10$ (양변에 15를 곱한다)

　　$3x-5x=10+30$ (-30과 $5x$를 이항)

　　$-2x=40$

　　$x=-20$ (양변을 -2로 나눈다)

page 242

문제 19

(1) 18m　　　　(2) 100개, 13명

(3) 4.965m　　 (4) $\dfrac{32}{99}$

풀이

(1)

① 가로의 길이를 xm라고 하면

$x=$(세로의 길이)$\times 3+6$

$x-6=$(세로의 길이)$\times 3$

따라서 세로의 길이는 $\dfrac{1}{3}(x-6)$이다.

그러므로 둘레의 길이에 대한 다음 등식이 성립
한다.

$2\left[x+\dfrac{1}{3}(x-6)\right]=44$

$3x+x-6=66$

$4x=72,\ x=18$

따라서 가로의 길이는 18m이다.

② 세로의 길이를 xm라고 하면 가로의 길이는 $(3x+6)$m가 되어 다음이 성립한다.

$2 \times \{(3x+6)+x\}=44$

$4x+6=22$,

$4x=16$, $x=4$

따라서 세로의 길이는 4m이고, 가로의 길이는 $3 \times 4+6=18$(m)다.

참고

①의 풀이에서는 세로의 길이를 x에 관한 식으로 나타낼 때 분수가 나오는 불편함이 있다. 그러나 방정식을 풀어 구하고자 하는 값을 바로 구할 수 있다.

반면에 ②의 풀이는 방정식을 풀어 미지수의 값을 구하고 나서 다시 구하고자 세로의 길이를 구해야 한다. 하지만 ①보다는 훨씬 간단한 방정식을 얻는다.

(2)

사과를 나눠 받는 사람 수를 x명이라고 하자.
한 사람에게 사과 7개씩 나누어 주면 9개가 남으므로 사과 전체 개수는 $7x+9$(개)다.
또 한 명에게 8개씩 나누어 주면 마지막 한 명은 4개밖에 못 받으므로 사과 전체 개수는 $8(x-1)+4=8x-4$(개)다.
따라서 다음 등식이 성립한다.

$7x+9=8x-4$

$-x=-13$

$x=13$

그러므로 사람 수는 13명이고, 사과 전체 개수는 $7 \times 13+9=100$(개)다.

(3)

세로의 길이를 $x$cm 줄였다고 하자.
새로 생긴 직사각형의 가로의 길이는 $6+2=8$(cm), 세로의 길이는 $6-x$(cm)다.
넓이에 대한 등식을 방정식으로 만들면 다음과 같다.

$8(6-x)=6 \times 6 \times 0.23$

$48-8x=8.28$

$-8x=-39.72$이므로 $x=4.965$
따라서 세로의 길이를 4.965cm 줄였다.

(4)

구하고자 하는 $0.\dot{3}\dot{2}$를 x라 하자.

$0.323232\cdots = x \ \cdots \text{(1)}$

(1)의 좌변과 우변에 똑같이 100을 곱하여 다음 식을 얻는다.

$32.323232\cdots = 100x \ \cdots \text{(2)}$

(2)$-$(1)을 하면 다음을 얻는다.

$32=99x$

$\dfrac{32}{99}=x$

그러므로 $0.323232\cdots = 0.\dot{3}\dot{2} = \dfrac{32}{99}$다.

무엇이든
물어보세요!

박영훈 선생님께 질문이 있다면 메일을 보내주세요.
slowmathpark@gmail.com

박영훈의 느린수학 시리즈 출간 소식이 궁금하다면,
*slowmathpark@gmail.com*로
이름/연락처를 보내주세요.

연락처를 보내주신 분들은 문자 또는 SNS,
이메일을 통한 소식받기에 동의한 것으로 간주하며,
<박영훈의 느린 수학>의 새로운 소식을 보내드립니다!